电磁波与天线实验教程

主　　编：薛　红
副 主 编：曹文权　朱卫刚　邵　尉　刘　杨
参　　编：钟兴建　晋　军　徐承龙

东南大学出版社
SOUTHEAST UNIVERSITY PRESS
·南京·

内 容 简 介

本书是电磁波与天线课程实验的配套教材,围绕电磁场、电磁波、传输线以及天线技术中的重要知识点,系统介绍了电磁场与电磁波、传输线与天线相关的实验内容,融验证性、设计性、综合性和创新性为一体。全书共 5 章,第 1—2 章介绍典型传输线和天线,包括波导、同轴线、微带线及带状线;第 3—4 章介绍实验系统和基础实验,基础实验包括电磁波的波长测量、电磁波的极化、微波测量线、天线方向图测量、电磁波感应器制作、线天线增益测量、喇叭天线测量以及引向天线制作等;第 5 章介绍拓展实验,包括平面反射阵天线设计与卫星通信演示实验、平面 RFID 天线设计与目标识别演示实验、平面频率扫描天线设计实验、混频移相相控阵天线设计实验、波束可切换天线设计实验等。

本书可以作为大学本科电子信息工程、通信工程等专业的实验教材,也可供从事天线技术、电波传播、微波技术的科研和工程技术人员参考。

图书在版编目(CIP)数据

电磁波与天线实验教程 / 薛红主编. -- 南京：东南大学出版社，2024. 12. -- ISBN 978-7-5766-1801-3

Ⅰ. O441.4；TN82

中国国家版本馆 CIP 数据核字第 2024RJ8732 号

责任编辑:姜晓乐　　责任校对:韩小亮　　封面设计:王 玥　　责任印制:周荣虎

电磁波与天线实验教程

DIANCIBO YU TIANXIAN SHIYAN JIAOCHENG

主　　编	薛 红
出版发行	东南大学出版社
社　　址	南京市四牌楼 2 号　　邮编:210096
出 版 人	白云飞
网　　址	http://www.seupress.com
经　　销	全国各地新华书店
印　　刷	丹阳兴华印务有限公司
开　　本	787 mm×1092 mm　1/16
印　　张	9.5
字　　数	213 千
版　　次	2024 年 12 月第 1 版
印　　次	2024 年 12 月第 1 次印刷
书　　号	ISBN 978-7-5766-1801-3
定　　价	38.00 元

本社图书若有印装质量问题,请直接与营销部调换。电话(传真):025-83791830

前 言

"电磁波与天线"是电磁类专业的核心专业基础课程,是相关专业基础课与专业课之间的桥梁。本课程涵盖了电磁场与电磁波、天线与电波传播以及部分微波技术内容,是分析和研究现代电子技术领域中各类电磁问题、天线技术和电波传播问题的基础,在通信、导航、电子对抗等众多领域都具有广泛的应用。为使学生理解和掌握电磁场、电磁波与天线的基本理论,需要开设相关的实验内容,本书是电磁波与天线实验课程的配套教材,电磁波教学综合实验系统是配套的实验系统。

本书分为基础理论、基础实验和拓展实验三个部分。基础理论部分包括第1章典型传输线介绍和第2章典型天线介绍;基础实验部分包括第3章实验系统介绍和第4章基础实验;拓展实验部分为第5章。全书共8个基础实验和5个拓展实验。本书围绕电磁场、电磁波、传输线以及天线技术中的重要知识点,融验证性、设计性、综合性和创新性为一体。通过本实验内容的完整学习,学生可以加深对电磁波与天线理论知识的理解,通过实物操作实验还可提高学生的创新能力和动手能力,为其今后更进一步的学习、研究或者从事相关工作打下基础。

由于作者水平有限,书中难免存在疏漏和错误,衷心欢迎广大读者及同行批评指正。

编者
2024 年 4 月

目 录

第 1 章　典型传输线介绍 ·· 1
　1.1　波导 ·· 2
　1.2　同轴线 ·· 5
　1.3　微带线和带状线 ··· 7

第 2 章　典型天线介绍 ·· 13
　2.1　线天线 ·· 14
　2.2　口径天线 ·· 24

第 3 章　电磁波与天线综合实验系统介绍 ··· 31
　3.1　系统简介 ·· 32
　3.2　系统组成 ·· 33
　3.3　性能指标 ·· 34
　3.4　操作介绍 ·· 34

第 4 章　基础实验 ·· 39
　4.1　电磁波的波长测量实验 ··· 40
　4.2　电磁波的极化实验 ··· 46
　4.3　微波测量线实验 ··· 53
　4.4　天线方向图测量实验 ··· 59
　4.5　制作电磁波感应器实验 ··· 67
　4.6　线天线增益测量实验 ··· 73
　4.7　喇叭天线测量实验 ··· 79
　4.8　引向天线制作实验 ··· 88

第 5 章　拓展实验 ······ 97
5.1　平面反射阵天线设计与卫星通信演示实验 ······ 98
5.2　平面 RFID 天线设计与目标识别演示实验 ······ 109
5.3　平面频率扫描天线设计实验 ······ 119
5.4　混频移相相控阵天线设计实验 ······ 128
5.5　波束可切换天线设计实验 ······ 137

参考文献 ······ 145

第 1 章

典型传输线介绍

1.1 波导

凡是能够引导电磁波定向传输的装置统称为导波系统,被引导定向传输的电磁波称为导行电磁波,简称波导。

导波系统又称为传输线,在一个实际的射频、微波系统里,传输线是最基本的构成,它不仅起到连接信号的作用,而且传输线本身也可以构成某些元件,如电容、电感、变压器、谐振电路、滤波器、天线等。在导波系统中,设传输方向沿 z 轴方向,则可以将传输的电磁波根据电场 E 和磁场 H 的纵向分量 E_z 和 H_z 的存在与否分为三类:① 如果 $E_z=0, H_z=0$,则 E、H 完全在横截面内,这种波称为横电磁波,简记为 TEM 波,这种波型不能用纵向场法求解;② 如果 $E_z\neq 0, H_z=0$,则在传播方向只有电场分量,磁场只在横截面内,称为横磁波或者电波,简记为 TM 波或者 E 波;③ 如果 $E_z=0, H_z\neq 0$,则在传播方向只有磁场分量,电场只在横截面内,称为横电波或者磁波,简记为 TE 波或者 H 波。

1.1.1 矩形波导

矩形波导是采用金属管传输电磁波的重要波导装置,其管壁通常为铜、铝或者其他金属材料,其特点是结构简单、机械强度大。波导内没有内导体,因此损耗低、功率容量大,电磁能量在波导管内部空间被引导传播,可以防止对外的电磁波泄露。如图 1-1-1 所示为矩形波导结构图。

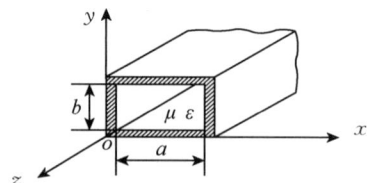

图 1-1-1 矩形波导结构图

矩形波导只能传输 TE 波或 TM 波。矩形波导有简并模、主模和单模传输。矩形波导中可以出现各种 TM 模和 TE 模,以及它们的线性组合。当工作波长小于各种模式的截止波长,或者工作频率大于各种模式的截止频率时,这些模式都是传输模,因而波导可以形成多模传输。矩形波导的截止频率为

$$f_c=\frac{v_p}{\lambda_c}=\frac{1}{2\sqrt{\mu\varepsilon}}\sqrt{\left(\frac{m}{a}\right)^2+\left(\frac{n}{b}\right)^2} \qquad (1-1-1)$$

截止频率不仅与波型和波导尺寸有关,还与波导中所填充的介质(μ,ε)有关。若使电磁波能够在波导中传输,必须满足 $f>f_c$,或者 $\lambda<\lambda_c$,由此可以得到波导中传输

各种模式电磁波的传播特性参数。TM 波和 TE 波的传播速度随频率变化,表现出色散特性。

在波导中存在多模传输的情况下,如果模式之间相互正交,则它们之间没有能量交换,各个模式的衰减常数可单独计算。如果模式不正交,相互之间有能量耦合,就不能单独直接计算。对每个模式而言,除了导体、介质损耗外,还有模式转换损耗。总之,影响波导衰减的因素有:波导材料的电导率、工作频率、波导内壁的光滑度、波导的尺寸、填充媒质的损耗、工作模式等。一般来说 ($a > b$) 矩形波导的主模为 TE_{10} 模,其截止波长为 $2a$。单模传输条件是波长大于 $2b$ 且波长小于 $2a$ 大于 a。矩形波导功率容量较大,衰减较小。

表 1-1-1 常用标准波导技术参数表

标准型号		频率范围/GHz		截面尺寸/mm	
国标型号	国际标型号	起始频率	终止频率	宽	高
BJ14	WR650	1.13	1.73	165.1	82.55
BJ18	WR510	1.45	2.20	129.54	64.77
BJ22	WR430	1.72	2.61	109.22	54.61
BJ26	WR340	2.17	3.30	86.36	43.18
BJ32	WR284	2.60	3.95	72.14	34.04
BJ40	WR229	3.22	4.90	58.17	29.08
BJ48	WR187	3.94	5.99	47.549	22.149

规则波导是无限长均匀直波导,即横截面几何形状和尺寸、壁结构及媒质分布在轴线方向均不改变的波导,又称均匀波导,如图 1-1-2(a)所示,表 1-1-1 中的 WR 是直波导,直波导是组成波导馈线系统的基本元件,有矩形、扁矩形、中等扁矩形、方形、圆形、单脊和双脊等标准类型。弯波导,也称为波导弯头,是波导馈线系统中的基本元件,其特点是纵轴方向逐渐变化。弯波导可以分为 E 面圆弧弯波导、H 面圆弧弯波导、E 面切角弯波导、H 面切角弯波导以及复合弯波导等几大类。在雷达或波导干线中常采用弯波导,以便按要求的角度改变波导的方向。其中,E 面弯波导在电场平面内弯曲,而 H 面弯波导在磁场平面内弯曲。如图 1-1-2(b)所示为 EH 弯波导。扭波导又称波导扭转接头,是两端的宽边和窄边的方向互换 90°的波导。其特点是电磁波通过它,极化方向改变 90°,而传播方向不变。在连接波导时,如前后两节波导发生宽边和窄边相对的情况,就需要插入这种扭波导作为过渡。扭波导的长度应为 $\lambda_g/2$ 的整数倍,且最短不得小于 $2\lambda_g$(λ_g 为波导波长),如图 1-1-2(c)所示为扭波导。

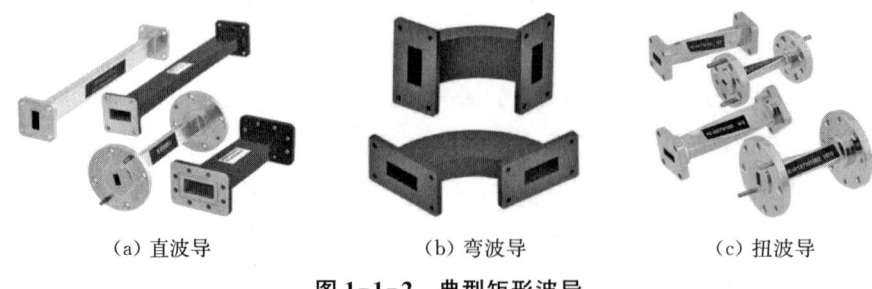

(a) 直波导　　　　　　(b) 弯波导　　　　　　(c) 扭波导

图 1-1-2　典型矩形波导

1.1.2　圆波导

圆波导是波导的一种,波导的截面为圆形的柱形波导,如图 1-1-3 所示。圆波导所具有的一般性质与矩形波导相似。圆波导具有损耗较小和双极化的特性,常用于天线馈线中,也可做较远距离的传输线,并广泛用作微波谐振腔。圆波导的分析方法与矩形波导相似。首先求解纵向场分量 $E_z(H_z)$ 的波动方程,求出纵向场的通解,并根据边界条件求出它的特解;然后利用横向场与纵向场的关系式,求得所有场分量的表达式;最后根据表达式讨论它的截止特性、传输特性和场结构。由于波导截面为圆形,故采用圆柱坐标系来分析较为方便。

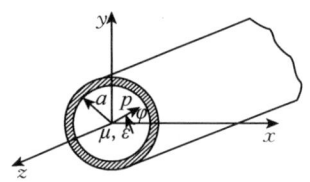

图 1-1-3　圆波导结构图

圆波导的传输条件也为 $\lambda < \lambda_c$。如图 1-1-4 所示为模式图。当波导半径 a 一定时,各模式的排列顺序保持不变。圆波导存在多种传播模式,主模是 TE_{11} 模,其 $\lambda_c = 3.41a$;

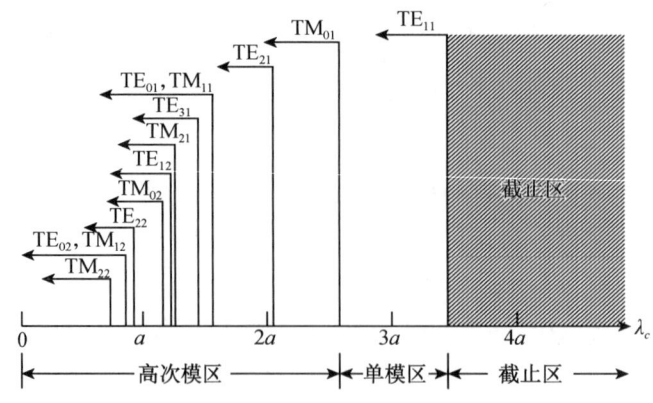

图 1-1-4　圆波导中截止波长的分布图

其次是 TM_{01} 模,其 $\lambda_c=2.61a$。其单模工作区为 $2.6127a<\lambda<3.4126a$,故一般波导半径取 $a=\lambda/3$。由模式图可见,TE_{11} 模是圆波导的最低模式,当满足 $2.61a<\lambda_c<3.41a$ 时,圆波导只能传输单模 TE_{11} 模。

圆波导中有两种简并现象,一种是 TE_{on} 模和 TM_{1n} 模的简并,这两种模式的场结构不同,但其截止波长相同,传输特性相同;另一种是极化简并,这是由于在场方程中场量沿 φ 方向的分布存在着 $\cos m\varphi$ 和 $\sin m\varphi$ 两种可能性,这两种分布模式的 m、n 值相同,场分布相同,只是极化面旋转了 $90°$,所以称为极化简并。每一种 TM_{mn} 和 TE_{mn} 模式 (m、$n\neq 0$) 本身都存在这种极化简并现象。极化简并是圆波导中特有的现象,可用于制作极化分离器、极化衰减器等。如图 1-1-5 所示为典型圆波导。

图 1-1-5　典型圆波导

1.2　同轴线

同轴线由两根共轴的圆柱导体所组成,按其结构可分为硬同轴线和软同轴线两种。硬同轴线外导体为金属管,一般为圆形,内导体是一根铜棒或铜管,线中一般不填充介质,但为了支持内导体并保持与外导体同心,可每隔一段距离置入介质环。软同轴线外导体由金属丝编织而成,外覆塑料管,内导体由单根或多根(相互绝缘的)导线组成,内、外导体间填充低损耗的介质材料(如聚四氟乙烯、聚乙烯等),这种同轴线可以自由弯曲(如移动通信基站馈线),如图 1-1-6 所示为同轴线结构图。

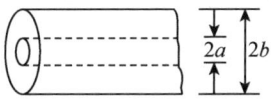

图 1-1-6　同轴线结构

同轴线的主模是 TEM 模,但在一定条件下也能传播高次模。当同轴线传输 TEM 模时,假设电磁波向 $+z$ 方向传播,$E_z=0$,$H_z=0$,波动方程变成拉普拉斯方程,即:$\nabla_T^2 \boldsymbol{E}(\rho,\varphi,z)=0$、$\nabla_T^2 \boldsymbol{H}(\rho,\varphi,z)=0$,TEM 模的场分量 $E_\varphi=H_\rho=0$,E_ρ 和 H_φ 的表示式为:

$$E_\rho = E_0 \frac{a}{\rho} e^{-j\beta z} \tag{1-1-2}$$

$$H_\varphi = \frac{E_\rho}{\eta} = \frac{\beta}{\omega\mu}E_\rho = \frac{E_0 a}{\eta\rho}e^{-j\beta z} \tag{1-1-3}$$

其中，E_0 为 $z=0$ 和 $\rho=a$ 处的电场，由激励源决定；$\eta=\sqrt{\dfrac{\mu}{\varepsilon}}$ 为介质的波阻抗。同轴线 TEM 模的场结构如图 1-1-7 所示。

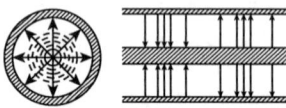

图 1-1-7 同轴线的 TEM 模场结构

内导体上的轴向电流及内外导体之间的电压为：

$$\begin{cases} I = \oint_c H_\varphi \, dl = \dfrac{2\pi E_0 a}{\eta} e^{-j\beta z} \\ U = \int_a^b E_\rho \, d\rho = E_0 a \ln\dfrac{b}{a} e^{-j\beta z} \end{cases} \tag{1-1-4}$$

特性阻抗 Z_0 为：

$$Z_0 = \frac{U}{I} = \frac{\eta}{2\pi}\ln\frac{b}{a} = \frac{60}{\sqrt{\varepsilon_r}}\ln\frac{b}{a} \tag{1-1-5}$$

相移常数、相速度、相波长分别为：

$$\begin{cases} \beta = \omega\sqrt{\mu\varepsilon} \\ v_p = \dfrac{\omega}{\beta} = \dfrac{c}{\sqrt{\varepsilon_r}} \\ \lambda_p = \dfrac{2\pi}{\beta} = \dfrac{v_p}{f} = \dfrac{\lambda_0}{\sqrt{\varepsilon_r}} \end{cases} \tag{1-1-6}$$

其中，ε_r 为同轴线中填充介质的相对介电常数；c 为真空中的光速。在行波状态下，同轴线传输 TEM 模时的平均功率为：

$$P = \frac{1}{2}UI = \frac{1}{2}\frac{U^2}{Z_0} = \frac{1}{2}Z_0 I^2 \tag{1-1-7}$$

同轴线的衰减由两部分组成，一部分是由导体损耗引起的衰减 α_c，表示为 $\dfrac{R_S}{2\eta}\dfrac{\left(\dfrac{1}{a}+\dfrac{1}{b}\right)}{\ln\dfrac{b}{a}}$ (1/m)，其中，导体的表面电阻 $R_S = \sqrt{\pi f\mu/\sigma}$；另一部分是由介质损耗引起的衰减 α_d，表示为 $\dfrac{\pi\sqrt{\varepsilon_r}}{\lambda}\tan\delta$ (1/m)，其中 $\tan\delta$ 是同轴线中填充介质的损耗角正切。确

定同轴线尺寸时,主要考虑以下几方面的因素:①保证 TEM 模单模传输。工作波长与同轴线尺寸的关系应满足:$\lambda > \lambda_{c(TE_{11})} = \pi(a+b)$。②获得最小的导体损耗。$b/a \approx 3.59$,相应空气同轴线的特性阻抗约为 77 Ω。③获得最大的功率容量。$b/a \approx 1.65$,相应空气同轴线的特性阻抗约为 30 Ω。上述两种要求所对应的同轴线的特性阻抗值并不相同,因此有必要兼顾考虑。同轴线的特性阻抗取 75 Ω 和 50 Ω 两个标准值,前者侧重于考虑损耗小,主要用于远距离传输和低频应用,如有线电视的软同轴电缆;后者兼顾了损耗和功率容量的要求及高频应用,如移动通信基站馈线。如图 1-1-8 所示为典型的同轴线,图(a)特性阻抗是 75 Ω,图(b)特性阻抗为 50 Ω。

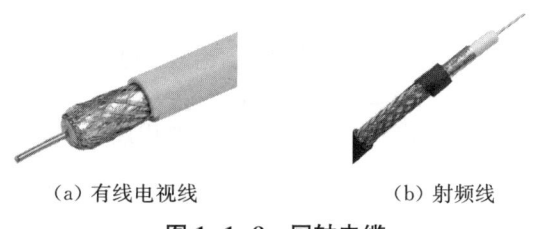

(a) 有线电视线　　　　(b) 射频线

图 1-1-8　同轴电缆

1.3　微带线和带状线

1.3.1　微带线

微带线结构简单、体积小、重量轻、加工方便,可用于光刻制作,容易与其他无源微波电路和有源微波电路(器件)集成,是目前平面电路和微波集成电路使用最多的一种平面型传输线。

微带线可以看作是由平行双导线演化而来的,在平行双导线的中心面上放置一个金属导电平板,导电平板和所有的电力线垂直,保持原来的电磁场结构,若把其中的一根导线移走,另一根导线的电磁场结构依然不变,这样留下的这根导线和金属导电平板就构成了一种新的传输线——微带线。金属导线做成带状沉积在介质基片的一侧,而另一侧为接地金属板,这样构成的传输系统就是微带线。微带线的演化过程如图 1-1-9 所示。

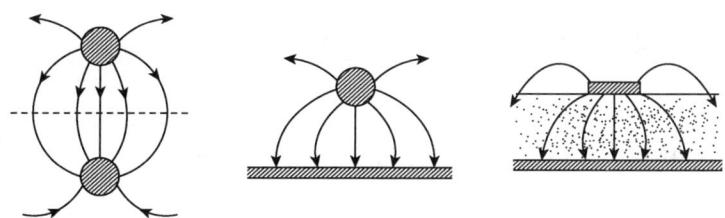

图 1-1-9　微带线的演化过程

微带线的周围填充两种介质,其中一部分是基片介质,另一部分是空气介质,当这两部分介质不相同时,微带线中传输的不是纯 TEM 模。当频率不是很高,基片厚度远小于波导波长时,纵向分量很小,场结构与 TEM 模的场结构很相似,一般称之为准 TEM 模。如图 1-1-10 所示为微带线的结构图。

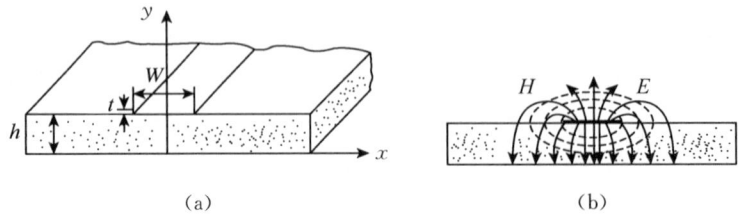

图 1-1-10 微带线的结构图

微带线中传输的是准 TEM 模,如果忽略损耗,则相速为

$$v_p = \frac{1}{\sqrt{L_1 C_1}} \tag{1-1-8}$$

特性阻抗为

$$Z_0 = \sqrt{\frac{L_1}{C_1}} = \frac{1}{v_p C_1} \tag{1-1-9}$$

其中,L_1、C_1 分别为微带线单位长度的分布电感和分布电容。当微带线周围填充的全部是基片介质时,传输的是 TEM 模,相速为 $c/\sqrt{\varepsilon_r}$,ε_r 为基片介质的相对介电常数,c 为真空中的光速。当微带线周围填充的全部是空气时,此时传输的是 TEM 模,相速与自由空间的光速几乎相等。而实际微带线的相速必然介于 c 和 $c/\sqrt{\varepsilon_r}$ 之间,将实际微带线的传输相速设为 $c/\sqrt{\varepsilon_{re}}$,其中,$\varepsilon_{re}$ 为微带线的有效介电常数,取值介于 1 和 ε_r 之间,则其特性阻抗为 $Z_0'/\sqrt{\varepsilon_{re}}$,$Z_0'$ 为空气微带线特性阻抗。假设 L_0、C_0 分别为空气微带线单位长度的分布电感和分布电容,可得到

$$\varepsilon_{re} = \frac{C_1}{C_0} \tag{1-1-10}$$

微带线的衰减比波导、同轴线大得多,在构成微带电路元件时,要考虑其影响。在忽略辐射损耗的情况下,其衰减由导体损耗和介质损耗构成。导体衰减常数 α_c 近似为 $\frac{R_S}{Z_0 W}$(1/m),介质衰减常数 α_d 近似为 $27.3 \frac{\varepsilon_r (\varepsilon_{re} - 1) \tan\delta}{\varepsilon_{re} (\varepsilon_r - 1) \lambda_0}$(1/m),其中,$R_S$ 为导体的表面电阻,$\tan\delta$ 是微带线中填充介质的损耗角正

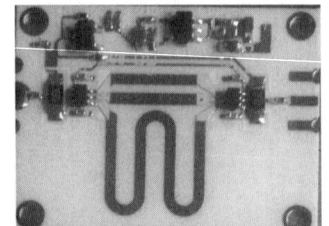

图 1-1-11 移相器

切,W 为微带线的导体宽度。如图 1-1-11 所示为典型的微带线,可实现移相功能。

1.3.2 带状线

带状线又称为三板线,它的优点是其平面形式的电路结构,在精度要求不高的情况下可用类似制作低频电路板的方式获得,易于设计与调试。如图 1-1-12 所示,带状线可看做是由同轴线演变而来的,因此它传输的主模是 TEM 模,对其传输特性可以用静态场的方法进行分析。表征带状线传输特性的主要参数有:特性阻抗 Z_0,相速度 v_p,波导波长 λ_g,衰减常数 α 和功率容量等。

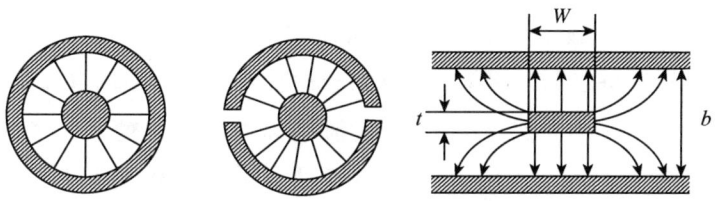

图 1-1-12 带状线的演化过程及其结构

如果带状线单位长度的分布参数用 R_0、G_0、C_0、L_0 表示,当 R_0 远小于 ωL_0,G_0 远小于 ωC_0 时,可得带状线的特性参数为:

$$\begin{cases} \beta = \omega \sqrt{L_0 C_0} \\ v_p = \dfrac{\omega}{\beta} = \dfrac{1}{\sqrt{L_0}} = \dfrac{c}{\sqrt{\varepsilon_r}} \\ \lambda_p = \dfrac{2\pi}{\beta} = \dfrac{v_p}{f} = \dfrac{\lambda_0}{\sqrt{\varepsilon_r}} \\ Z_0 = \sqrt{\dfrac{L_0}{C_0}} = \dfrac{1}{v_p C_0} \end{cases}$$

1.3.3 耦合线

彼此靠得很近的两根或多根非屏蔽传输线称为耦合传输线,简称为耦合线。由于各个传输线的电磁场的相互作用,在传输线之间可以有功率耦合。在定向耦合器、滤波器、移相器、匹配网络等电路中,耦合线被广泛适用。如图 1-1-13 所示,常用耦合线的结构包括耦合带状线结构和耦合微带线结构,其特点是基片介质上有两根相距 s,宽 W 的耦合线。如果是非耦合线,那么基片上只有一根传输线。由于电磁场的耦合,一对耦合线可以支持两种不同的传输模式。这两种模式具有不同的特性阻抗,如果耦合线是嵌在均匀介质中,则这两种传输模式的传播相速是相等的。

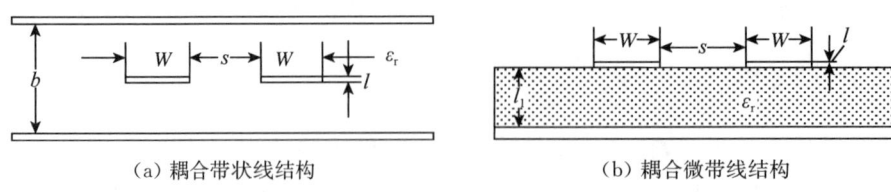

(a) 耦合带状线结构　　　　　　　(b) 耦合微带线结构

图 1-1-13　耦合线结构

耦合线有对称和不对称两种结构。对称耦合传输线的传输模式是 TEM 波,对其分析通常采用"奇偶模参量法"。其基本思想是根据线性电路的叠加原理,将对称耦合传输线上的 TEM 波看成是奇模波和偶模波叠加的结果。

如果将等幅同相的电压 U_e 与 $-U_e$ 分别加在传输线 1 和传输线 2 上,如图 1-1-14 所示,且耦合线的电磁场是以 yOz 平面偶对称分布的,并且切向磁场分量为零,则称此平面为磁壁,而耦合线上的波称为偶模波,相应的激励称为偶模激励。若将等幅反相的电压 U_0 与 $-U_0$ 分别加在传输线 1 和传输线 2 上,且耦合线的电磁场是以 yOz 平面奇对称分布的,并且切向电场分量为零,则称此平面为电壁,而耦合线上的波称为奇模波,相应的激励称为奇模激励。

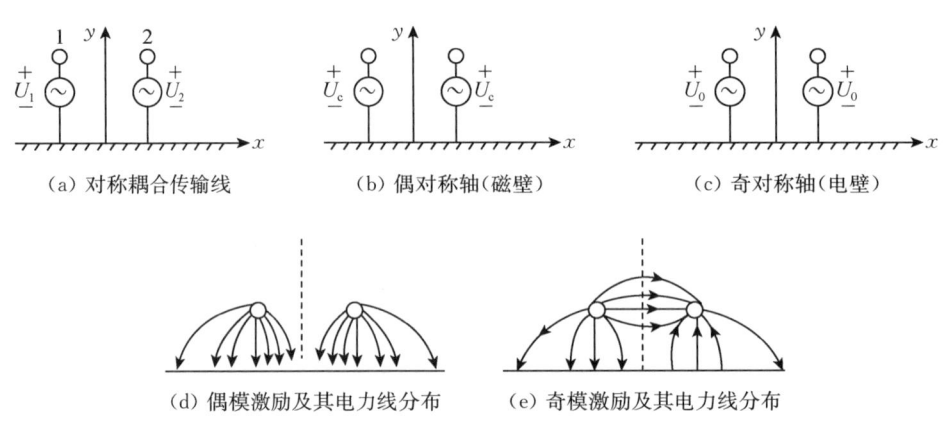

(a) 对称耦合传输线　　　(b) 偶对称轴(磁壁)　　　(c) 奇对称轴(电壁)

(d) 偶模激励及其电力线分布　　　(e) 奇模激励及其电力线分布

图 1-1-14　奇偶模参量法

由奇、偶模激励时电磁场分布的对称性不难看出,无论是奇模激励还是偶模激励,若两根传输线的场分布一样,则电压、电流沿线的分布也必相同。这样就把对耦合线的分析简化成在奇、偶模分别激励时的特殊边界条件下研究单根传输线的电压、电流分布问题,该单根线的传输参数与激励模式有关,故分别称为奇、偶模参数。对于任意激励电压下的耦合传输线,只需将奇模和偶模分别激励下得到的结果进行叠加,便可得到所求耦合线的完整解。

耦合带状线传输的主模是 TEM 模,其传输参数为:

偶、奇模相速: $v_{pe} = v_{po} = \dfrac{1}{\sqrt{\mu\varepsilon}} = \dfrac{c}{\sqrt{\varepsilon_r}}$

偶、奇模相移常数：$\beta_e = \beta_o = \sqrt{LC(1-K^2)} = \dfrac{2\pi}{\lambda_p}$

偶、奇模波长：$\lambda_{pe} = \lambda_{po} = \lambda_p = \dfrac{\lambda_0}{\sqrt{\varepsilon_r}}$

偶模特性阻抗：$Z_{0e} = Z_0(1+K)$

奇模特性阻抗：$Z_{0o} = Z_0(1-K)$

式中，K 是耦合系数，Z_0 是单根带状线的特性阻抗。

耦合微带线传输的主模是准 TEM 模，其传输参数为：

偶、奇模相速 $v_{pe} = \dfrac{c}{\sqrt{\varepsilon_{ee}}}, v_{po} = \dfrac{c}{\sqrt{\varepsilon_{eo}}}$

偶、奇模相移常数 $\beta_e = \dfrac{2\pi}{\lambda_{pe}}, \beta_o = \dfrac{2\pi}{\lambda_{po}}$

偶、奇模波长 $\lambda_{pe} = \dfrac{\lambda_0}{\sqrt{\varepsilon_{ee}}}, \lambda_{po} = \dfrac{\lambda_0}{\sqrt{\varepsilon_{eo}}}$

偶、奇模特性阻抗的表达式同耦合带状线。

第 2 章

典型天线介绍

2.1 线天线

2.1.1 单极天线

2.1.1.1 盘锥天线

盘锥天线,是一种常用的天线,通过电磁波在圆锥形金属导体上的辐射和接收来实现信号的传输和接收。盘锥天线是由有限双锥天线演变而来的,盘锥天线主要包括两个部分,盘体和锥体。如图 2-1-1 所示,上半部分为一个圆盘,即辐射体,可以看成是一个半张角为 90° 的锥体,同轴线的内导体馈电,下半部分为一个圆锥,半张角为 θ,锥顶与同轴线的外导体相连,其作用等效为无限大的理想导电地面,改变圆锥的半张角,就能改变天线的最大辐射方向。

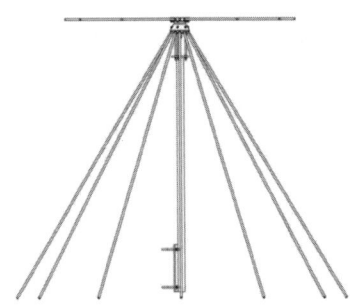

图 2-1-1 盘锥天线结构图

为了降低质量,减小成本,通常将盘锥天线的盘体和锥体用等间距的金属管构成。盘锥天线优良的阻抗带宽就得益于其特殊的几何结构。通常主要应用在 VHF 和 UHF 频段,其在 VSWR(电压驻波比)≤2 时的阻抗带宽可以达到三倍频至四倍频(倍频是一个通俗的称呼,为频率上限除以频率下限,通常倍频为大于 2 的天线就可以称为超宽带天线),若通过其他方式进行拓展,还可以达到更宽。

盘锥天线的宽频带特性还得益于它非对称的激励方式。在馈电时圆盘与同轴线的内导体相连,圆锥的锥顶与同轴线的外导体相连。若将盘锥天线的盘和锥分别看成是单极子,则这两个单极子的输入阻抗是不同的,整个天线的输入阻抗可以看成是这两个单极子输入阻抗的串联,只要设计合理,就可以使这两个单极子的输入阻抗随着工作频率的变化起到互补作用,从而在所设计的工作频带内保持整个天线的输入阻抗随频率的变化不大,特殊的几何结构,使得盘锥天线具有极宽的阻抗带宽。

盘锥天线的 E 面方向图(垂直面)在低频端与普通的电偶极子天线相似(都为水平全向型),因为,在低频段时圆盘的电尺寸较小,对方向图的影响不大,当频率升高,在高频段时圆盘的相对尺寸较大,由于圆盘的屏蔽作用(这里我们可以将屏蔽作用简单理解为反射),使得最大辐射方向偏离了水平面($\theta=90°$)而向下倾斜,从而导致天线在水平面的增益下降。由此可知,圆盘的直径不能太大,如果圆盘的直径过大,将使其 E 面方向图偏离 $90°$ 而下倾,导致水平面增益损失过大,但圆盘直径也不能过小,如果过小会导致其阻抗特性恶化。

一般来说,锥角 θ 很小时,天线的辐射方向图与普通单极子的方向图相似,只有在高频段的最大辐射方向偏离水平面向下时,随着锥角的增大,高频段的最大辐射方向图偏离水平面更严重,尤其是在 $2\theta > 90°$ 时,方向图呈蝴蝶状。使得水平面方向系数明显下降。一般来说盘与锥的距离、锥体顶端大小的取值对方向图没有明显的影响。

盘锥天线的方向系数较低,在低频段时,其值近似等于偶极子天线的方向系数,这是因为在低频段时圆盘的电尺寸较小,对方向系数、方向图的影响不大。当频率升高时,由于圆盘的电尺寸变大,以及圆盘的屏蔽作用,使得最大辐射方向偏离水平面而向下倾斜,从而导致其方向系数下降。可以通过增加盘锥天线的横向尺寸而降低其纵向尺寸来解决这个问题。盘锥天线各个尺寸选择规律:

盘的直径和锥体的长度不可以太小,否则其辐射电阻小而且电抗分量大,难以与馈线进行良好的匹配。通常,锥体的斜高 L 应该略长于下限工作频率所对应的波长的四分之一,即 $L=k\lambda/4$,比例系数 k 在 $1.1 \sim 1.3$ 范围内取值。k 值取得大一些可以使最低工作频点上的驻波比小一些。盘的直径通常取锥底直径 $D_{\max}$ 的 $7/10$。锥角的选择与斜高 L 有关,通常 2θ 在 $25° \sim 90°$ 范围内取值,当 2θ 较小时,L 应该取的大一些,反之,2θ 在 $60° \sim 90°$ 范围内取值时,L 可以取得小一些。盘与锥之间距离的选择几乎与 L 和 θ 无关,对馈电点处的分布电容大小起着不可忽略的影响,因而,盘与锥之间的距离影响天线的输入阻抗,通常取 $D_{\min}$ 的 $3/10$。

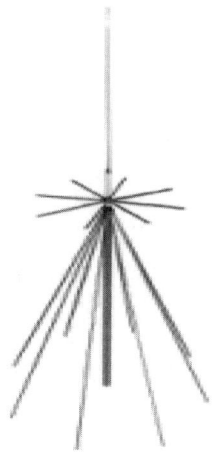

图 2-1-2 盘锥天线

如图 2-1-2 所示为盘锥天线,其频率范围为 100 MHz~1 GHz,带宽为 900 MHz,增益为 1~3.5 dBi,电压驻波比小于 2,特性阻抗为 50 Ω,采用垂直极化方式。它有极宽的频带,可以用作超短波频段。

2.1.1.2 玻璃钢天线

玻璃钢天线是采用玻璃钢材料制作的高性能天线,广泛应用于通信领域。如图2-1-3所示为玻璃钢天线的结构图,天线外壳是玻璃钢,天线主体的内部结构一般由辐射体、射频连接器、馈电系统、支撑结构等多个部分构成。其中,辐射体是天线的关键部分,通常采用一根或多根金属杆构成,能够将电磁波转化为无线信号进行辐射,主要决定天线性能,辐射体要选择导电性能好的材料,同时结构设计也要满足天线频率和波束宽度等参数要求;射频连接器用于连接馈线和辐射体,保证天线与其他设备之间的信号传递,它的质量和性能直接影响到天线的发射和接收性能;馈电系统则负责将信号输送到天线与其他设备之间的射频连接器处,其性能直接影响到天线的传输性能,因此要选择质量好、阻抗匹配性好、损耗小的馈线;支撑结构作为天线的重要组成部分,其作用是支撑辐射体,保证天线的稳定性和机械强度,在制作过程中要注意结构的合理性,尤其是在高风压和强震动环境下,要保证结构的牢固性和稳定性。

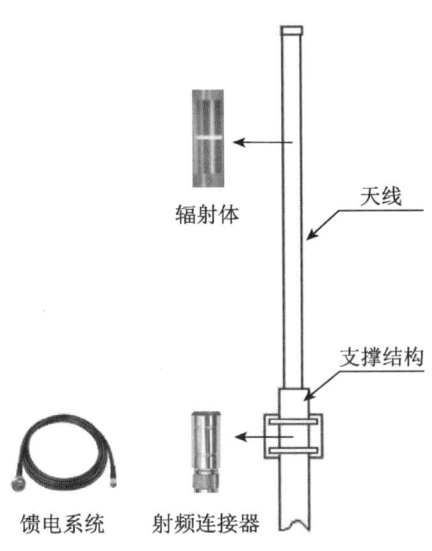

图 2-1-3 玻璃钢天线结构图

玻璃钢是一种由玻璃纤维和树脂组成的复合材料,具有重量轻、强度高、抗腐蚀等优点,因此相比传统天线,玻璃钢天线便于安装和维护,可以承受较大的外部载荷,能够在恶劣环境下长期使用。玻璃钢天线的内部结构是多个组成部分的紧密结合。每个部分都有其独特的作用和意义,在天线的性能表现上起到了至关重要的作用。因此,在制作玻璃钢天线时,必须注重每个组成部分的质量和性能,从而保证天线在各种复杂环境下的有效运行。

玻璃钢天线由于具有耐腐蚀、抗氧化、耐高温等特点,在各个领域都有着广泛的应用。如图2-1-4所示的玻璃钢天线,其频率范围为2 400 MHz～2 483 MHz和5 150 MHz～5 850 MHz,带宽为83 MHz和700 MHz,增益为8 dBi和12 dBi,电压驻波比小于1.5,水平面波瓣宽度为 360°，垂直面波瓣宽度为 8°，特性阻抗为 50 Ω，采用垂直极化方式，用于 Wi-Fi。

图 2-1-4　玻璃钢天线

2.1.1.3　胶棒天线

胶棒天线，也称为全向天线、橡胶天线，是一种常见的无线通信天线。如图 2-1-5 所示，其形状是一根细长的棒，橡胶是指外皮的绝缘层用的是橡胶材质，里面是环状的加感天线。简单来说，这是一种缩短的单极天线，利用了绕成螺旋状的线圈来加感，并被一层橡胶或塑料包裹着，胶棒天线是指天线的外护套是橡胶材质的。把金属导线按一定的间距绕成螺旋形状，并用绝缘材料支杆沿螺旋的轴向方向把线圈支撑起来，金属导线的一端与发射机的输出端连接，另一端开路，就构成了螺旋状的天线。

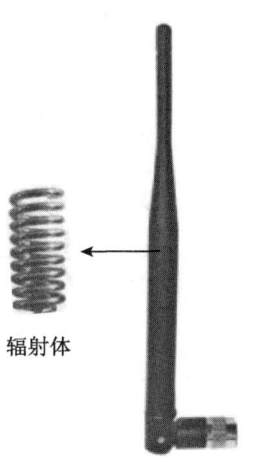

图 2-1-5　橡胶天线结构图

胶棒天线是通过改变棒状天线的长度和直径来实现对信号的发射和接收。在接收模式下，当电磁波穿过天线时，会在天线内产生感应电流，这将导致天线上出现电压信号。而在发射模式下，电流流过天线时会产生电场，导致电磁波的辐射，实现无线信号的发射。

胶棒天线内部的螺旋状天线,类似弹簧,起到了两个主要的作用,一是支撑作用,弹簧能够支撑胶棒天线的重量,并使其保持竖直状态,以便更好地接收信号;二是调谐作用,可以通过调节弹簧的长度来改变天线的谐振频率。当螺旋状天线的长度发生改变时,天线的电容值和感应值也会跟着改变,从而影响天线的谐振频率。通过调整天线的长度,可以将天线匹配到特定的频率上,以获得最佳的信号接收效果。

胶棒天线的性能主要受天线长度、形状、材质等因素影响。一般来说,天线长度越长,接收效果越好。天线形状也会影响接收效果,一般来说,L 形、T 形、Y 形天线更有利于接收低频信号,而弧形、半圆形、环形天线更适合接收高频信号。而天线的材质则会影响天线的稳定性和耐用性。

胶棒天线是一种垂直极化的天线,通常竖直放置在设备上。胶棒天线的主要优点是使用方便、结构简单、占用空间小、适用于各种频段,能够在水平方向上接收和发送信号,具有较好的覆盖范围。缺点则是天线增益较低,因此其工作距离较短,同时在强电磁干扰环境下信号质量容易受到影响,因此在需要远距离传输的场合或频繁遭受干扰的环境下,胶棒天线不适用。胶棒天线在无线通信系统中广泛应用,例如用在移动通信设备、数码电视、对讲机和汽车收音机等设备中。如图 2-1-5 所示的胶棒天线,其典型频率范围为 890 MHz~960 MHz 和 1 710 MHz~1 880 MHz,带宽为 70 MHz 和 170 MHz,增益均为 3 dBi,电压驻波比小于 1.5,特性阻抗为 50 Ω,采用垂直极化方式,用于 900 MHz 和 1 800 MHz 无线公话。

2.1.1.4 吸顶天线

吸顶天线是移动通信系统天线的一种,主要用于室内信号覆盖。如图 2-1-6 所示,吸顶天线主要包括天线主体和馈线部分。天线主体部分的原型是半波振子天线,水平面是全向,垂直面呈∞形。

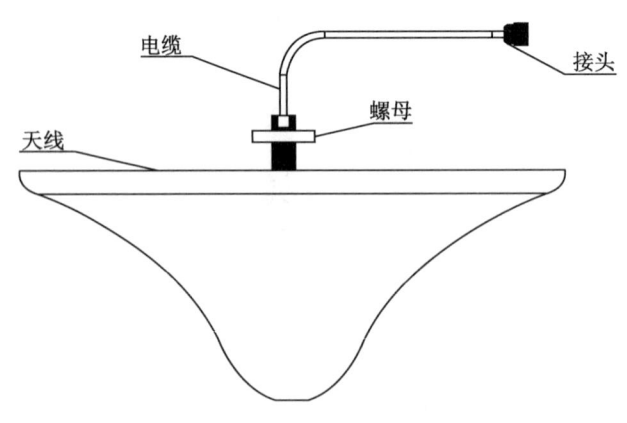

图 2-1-6 吸顶天线结构图

室外信号覆盖用的都是板状天线,功率大、信号强、覆盖远;相对来讲,室内覆盖,比如会场、宾馆、写字楼、电影院、住宅楼内等,需要采用室内分布式系统来覆盖,因此采用吸顶小天线,外形比较美观,不影响室内观瞻,功率小,覆盖一层楼内即可。传统室内吸顶天线采用单锥形结构,由于高频和低频共用一套振子,无法兼顾高频和低频的性能。新型室内分布吸顶天线采用双锥形结构,高频和低频使用不同振子对信号进行辐射,这样可以分别优化高频和低频的辐射性能,使得高频与低频的辐射性能相当。如图 2-1-7 所示,(a)为低频振子,采用锥形振子;(b)为高频振子,采用自补矩状振子,自补矩状振子作为辐射振子,展宽了振子的宽带,提高了辐射角度,降低了驻波比,提高了交调稳定性;(c)为反射板。对于低频特性,新型天线和传统天线相当;对于高频特性,在 30°方向,新型天线的增益比传统天线降低了 10.41 dB,在 85°方向,新型天线的增益比传统天线增加了 4.3 dB。也就是说,相对于传统天线,新型天线的高频段信号能量从小方向角度转移至大方向角度,从天线底下转移至周围,高频覆盖性能增强。

 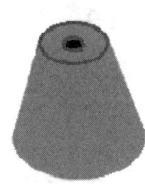 

(a) 低频振子　　　　　(b) 高频振子　　　　　(c) 反射板

图 2-1-7　吸顶天线结构图

如图 2-1-8 所示为吸顶天线的实物图,其中,白色向下的帽就是天线主体,向外辐射信号,那根向上弯曲的绳子就是馈线,把信号从移动基站引入到天线。吸顶天线的频率范围为 2 400 MHz～2 500 MHz 和 5 725 MHz～5 850 MHz,带宽为 100 MHz 和 125 MHz,增益均为 3 dBi,电压驻波比小于 1.5,特性阻抗为 50 Ω,采用垂直极化方式,用于 2.4 GHz 和 5.8 GHz 移动通信。

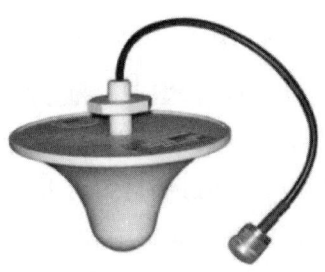

图 2-1-8　吸顶天线实物图

2.1.2　螺旋天线

2.1.2.1　螺旋天线的原理

螺旋天线一种是常见的天线类型,通过螺旋形状的结构来实现空中电磁波的辐射和接收,具有较宽的频率带宽和较高的增益,这种天线广泛应用于无线通信、雷达和卫星通信等领域。如图 2-1-9 所示,螺旋天线通常是由多个螺旋部分和一个反射板组成。从外表看起来,螺旋天线就好像在一个平面的反射板上安装了一个螺旋。反射板呈圆形或方形,反射器的内部最大距离(直径或者边缘)至少要达到 3/4 波长。用同轴电缆来连接天线,电缆中心连接在天线的螺旋部分,电缆的外皮连接在反射器上。螺旋部分由导线或金属板材制成,呈现螺旋形状,长度要等于或者稍大于一个波长。螺旋部分的半径在 1/8～1/4 波长之间,同时还要保证 1/4～1/2 波长的倾斜角度。在螺旋天线的轴心部分,电磁波的能量最大。天线的最小尺度取决于所采用的低频信号的频率大小。如果螺旋或反射器太小,那么天线的效率就会严重降低。螺旋天线可以分为右旋螺旋天线和左旋螺旋天线两种类型,其主要区别在于螺旋方向的不同。

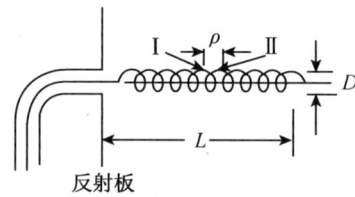

图 2-1-9 螺旋天线结构图

当电流通过螺旋天线时,会在螺旋导线上产生电磁场。螺旋天线的辐射和接收效果与其螺旋结构的参数有关。图 2-1-9 所示为一般螺旋天线结构示意图,D 是螺旋天线直径,L 是螺旋天线长度,ρ 是螺距,Ⅰ、Ⅱ是螺旋线上相对应两点。一般可以认为,电磁波沿金属螺旋线以光速 c 作匀速运动。从Ⅰ点到Ⅱ点即进行一个螺旋,所需时间为

$$t = \pi D/c$$

而对螺旋天线而言,其轴向电磁波只运动行进了一个螺距 ρ,其轴向等效速率

$$v = \rho/t = \rho c/(\pi D)$$

螺旋的圈数 N 越多,天线的增益越高;当直径和导线间距(螺距:L/N,$L=N\pi D$)适当时,螺旋天线可以实现较宽的频率带宽;旋转方向的选择与应用场景有关。螺旋天线可以实现线极化和圆极化两种极化方式,通过调整螺旋天线的结构参数,可以实现不同极化方式的辐射和接收。螺旋天线可以实现全向辐射和定向辐射,全向辐射是指天线在水平面上实现 360°的辐射,适用于无线通信中的基站天线,定向辐射是指天线在某个方向上实现辐射,适用于雷达和卫星通信等应用。

如图 2-1-10 所示,当 $D/\lambda=0.25\sim0.46$(即一圈螺旋周长约为一个波长)时,天线沿轴线方向有最大辐射,并在轴线方向产生圆极化波。这种天线称为轴向模螺旋天线,常用于通信、雷达、遥控遥测等。当 D/λ 进一步增大时,最大辐射方向偏离轴线方向。

法向模螺旋天线($D/\lambda<0.18$)实质上是细线天线,为了缩短长度,可把它卷绕成螺旋状。因此,它的特性与单极细线天线相仿,具有∞形方向图,并且频带很窄,一般用作小

功率电台的通信天线。

如图 2-1-10(a)所示,当 $D/\lambda=0.25\sim0.46$(即一圈螺旋周长约为一个波长)时,天线沿轴线方向有最大辐射,并在轴线方向产生圆极化波。这种天线称为轴向模螺旋天线,常用于通信、雷达、遥控遥测等。当 D/λ 进一步增大时,最大辐射方向偏离轴线方向。

如图 2-1-10(b)所示,当 $D/\lambda<0.18$ 时,称为法向模螺旋天线,实质上是细线天线,为了缩短长度,可把它卷绕成螺旋状。因此,它的特性与单极细线天线相仿,具有 8 字形方向图,并且频带很窄,一般用作小功率电台的通信天线。

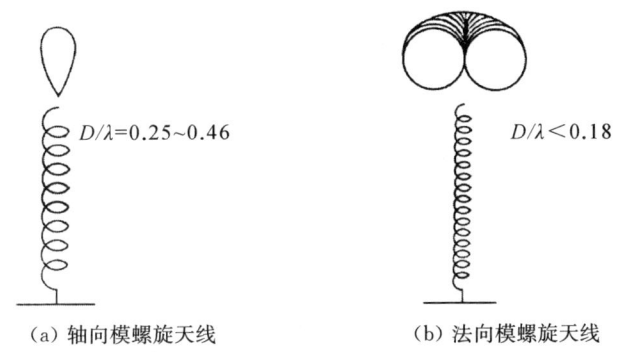

(a) 轴向模螺旋天线　　　　　(b) 法向模螺旋天线

图 2-1-10　螺旋直径对方向图的影响

边射式螺旋天线是一种法向模螺旋天线。它是在螺旋的中心轴线上放置一根金属导体,当螺旋一圈的周长 $l=M\lambda(M=2,3,\cdots)$ 时,也在螺旋的法向产生最大辐射。这种天线可用作电视发射天线。

等角螺旋天线也是一种法向模螺旋天线。天线的两臂在一个平面上或锥面上按特定的曲率变化绕旋展开。由于这种天线的外形只由角度决定,不包含线性长度,因而天线的特性不受频率变化的影响,故有极宽的频带。平面等角螺旋天线的最大辐射方向是在平面两边的法向方向,并辐射圆极化波。

如图 2-1-11 所示为高增益定向螺旋天线,其频率范围为 806 MHz~960 MHz、1 000 MHz~1 300 MHz、2 400 MHz~2 500 MHz,带宽为 154 MHz、300 MHz、100 MHz,增益均为 14 dBi,水平面波瓣宽度为 35°,垂直面波瓣宽度为 35°,前后比大于 25,电压驻波比小于 1.5,特性阻抗为 50 Ω,采用圆极化(左旋或右旋)方式,用于 2.4 GHz 无线通信,具有定向辐射的特点,可提高接收效率。

图 2-1-11　高增益定向螺旋天线

2.1.2.2 平面等角螺旋天线

平面等角螺旋天线是一种角度天线,双臂用金属片制成,具有对称性,每一臂都有两条边缘线,均为等角螺旋线。其极坐标方程为:

$$r = r_0 e^{a\varphi} \tag{2-1-1}$$

式中,r 为螺旋天线矢径,φ 为极坐标中的旋转角,r_0 为 $\varphi=0°$ 时的起始螺旋天线半径,a 为常数,控制螺旋天线的紧松程度,决定螺旋天线张开的快慢,$1/a$ 为螺旋率。其极坐标方程又可写为

$$\varphi = \frac{1}{a} \ln \frac{r}{r_0} \tag{2-1-2}$$

由于螺旋切线与矢径之间的夹角 ψ 处处相等,因此这种螺旋天线称为平面等角螺旋天线,ψ 称为螺旋角,它只与螺旋率有关,即

$$\psi = \arctan \frac{1}{a} \tag{2-1-3}$$

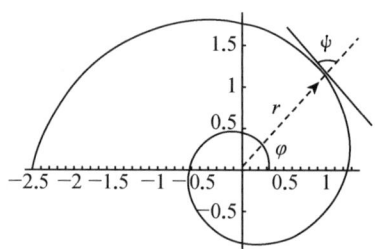

图 2-1-12 平面等角螺旋天线

应用等角螺线可以产生如图 2-1-13 所示的天线,四条等角螺旋曲线可构成平面等角螺旋天线,两个臂的四条边缘具有相同的 a,如果一条边缘线为 $r_1 = r_0 e^{a\varphi}$,那么只要将该边缘旋转 δ 角,就可以得到该臂的另一边缘线 $r_2 = r_0 e^{a(\varphi-\delta)}$。另一臂相当于该臂旋转 180°而构成,分别是 $r_3 = r_0 e^{a(\varphi-\pi)}$、$r_4 = r_0 e^{a(\varphi-\pi-\delta)}$。为了得到自补结构,取 $\delta = 0.5\pi$,可以得到自补结构(天线的金属臂与两臂之间的空气缝隙是同一形状)。

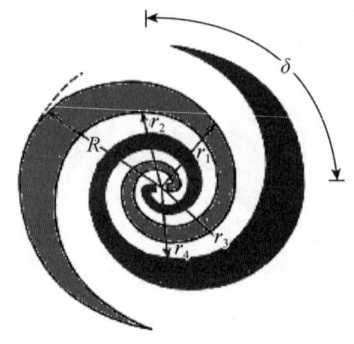

图 2-1-13 平面等角螺旋天线

由于平面等角螺旋天线臂的边缘仅由角度描述，因而满足非频变天线对形状的要求。当两臂的始端馈电时，可以把两臂等角螺旋天线看成是一对变形的传输线，臂上电流沿线边传输，边辐射，边衰减。螺旋天线上的每一小段都是一基本辐射片，它们的取向沿螺旋天线而变化，总的辐射场就是这些元辐射场的叠加。实验表明，臂上电流在流过约一个波长后就迅速衰减到 20 dB 以下，终端效应很弱。

辐射场主要是由结构中周长约为一个波长以内的部分产生的，这个部分通常称为有效辐射区，传输行波电流。换句话说螺旋天线存在电流截断效应，超过截断点的螺旋天线部分对辐射没有重大贡献，在几何上截去它们将不会对保留部分的电性能造成显著影响，因而，可以用有限尺寸的等角螺旋天线在相应的宽频带内实现近似的非频变特性。波长改变后，有效区的几何大小将随波长成比例地变化，从而可以在一定的带宽内得到近似的、与频率无关的特性。所以，平面等角螺旋天线的阻抗、方向图和极化在很宽的频带范围内可以保持几乎不变。螺旋天线中心的馈电点、最大半径和紧疏程度会影响天线的性能。带宽频率的上限由馈电结构决定，下限由最大半径来决定。

一般而言，平面等角螺旋天线在 $\theta \leqslant 70°$（θ 为天线平面的法线与射线之间的夹角）的范围内接近圆极化。极化旋向与螺旋线绕向有关，图 2-1-13 中螺旋天线产生的辐射，在指向书本外侧的方向是右旋的，在指向书本内侧的方向是左旋的。等角螺旋天线的工作带宽受其几何尺寸影响，带宽的上限频率 f_U 由馈电点半径 r_0 决定，$2\pi r_0 = \lambda_U = c/f_U$，带宽的下限频率 f_L 由最大半径 R 决定，$2\pi R = \lambda_L = c/f_L$。

平面等角螺旋天线具有宽带宽、高增益、高极化纯度等特点，可广泛应用于卫星通信、无线电测向、雷达系统等领域。如图 2-1-14 所示，该天线是一款超宽带等角螺旋圆极化天线，为左旋圆极化，在 267 MHz～10 GHz 的频带范围内提供 3～6 dBi 的圆极化定向增益，2.4 GHz、5.8 GHz 等典型频率可使用该天线。

图 2-1-14　等角螺旋天线

2.2 口径天线

2.2.1 栅格天线

栅格天线,也叫格状天线,是一种微波天线,主要包括反射器和馈源两个部分,如图 2-2-1 所示。其中,反射器由金属条或金属线构成的栅格结构组成,形状为凸面,具有特定的曲率半径。馈源通常由一个或多个辐射器组成,可以是金属片、微带贴片、半波振子等形式。栅格天线具有较宽的频带、高辐射效率、易于制造和安装等优点,在通信、卫星、广播、电视、雷达、导航、电子对抗、遥感、射电天文等领域得到广泛应用。

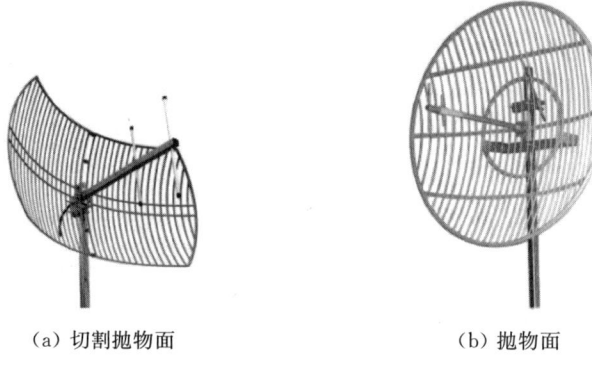

(a) 切割抛物面　　　　　　　(b) 抛物面

图 2-2-1　单极化栅格天线

栅格天线的工作原理是将电磁波传导到栅格元件中,在栅格的金属导体之间形成相互作用的电感和电容关系,电磁波就能在栅格元件内部被辐射出来。在接收信号时,栅格天线会将远处射来的电磁波汇集于焦点处,位于焦点处的馈源可以收到强烈的信号;在发射信号时,栅格天线是将从馈源里激发出来的电磁波按照平行线的方向反射出去,起到定向作用,电磁波的能量从馈源向栅格元件辐射出去。栅格元件的布局和馈源的类型以及栅格元件和馈源之间的距离均影响着天线的电特性,凸面反射器的曲率半径和尺寸大小影响天线的方向性和增益,栅格密度不得大于其波长,不然天线效率会降低。通过调整反射器和馈源的位置,可以改变天线的电特性,尤其是方向特性,从而提高天线的性能和可靠性。栅格天线为高增益天线,波束比较窄,通常为定向天线。

如图 2-2-1 所示为单极化栅格天线,图(a)和图(b)的频率范围均为 824 MHz~896 MHz,增益分别为 14 dBi 和 20 dBi,水平波瓣宽度为 19°和 13°,垂直波瓣宽度为 30°和 13°,前后比均大于 30 dB,极化方式均为垂直极化,重量分别为 3 kg 和 20 kg,图(a)中切割抛物面的尺寸为 0.6 m×0.9 m,图(b)中抛物面的直径为 1.5 m。需要注意的是,栅格天线在太阳暴晒下可能会因为受热过度而影响正常工作,甚至在长时间暴晒下容易损坏。因此,有些设计会包括传输装置、控制模块、测温装置、喷水装置和移动装置,以便在高温天气下对天线进行喷水降温，保持其正常工作。

如图 2-2-2 所示为双极化栅格天线，图(a)和图(b)的频率范围均为 5 150 MHz～5 850 MHz，带宽均为 700 MHz，增益分别为 28×2 dBi 和 32×2 dBi，水平波瓣宽度为 6°和 4°，垂直波瓣宽度为 4°和 4°，前后比均大于 25 dB，极化方式为垂直极化和水平极化，重量分别为 6 kg 和 11 kg，图(a)中切割抛物面的尺寸大小为 0.6 m×0.9 m，图(b)中抛物面的直径为 0.9 m。其与单极化栅格天线的区别是馈源部分，采用双极化高增益馈源，包括垂直极化和水平极化两种极化方式。

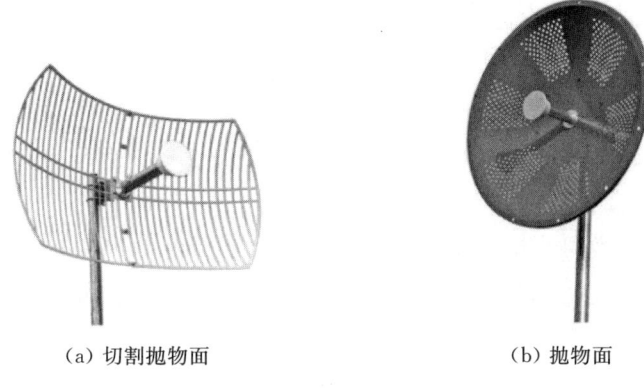

(a) 切割抛物面　　　　　　　　(b) 抛物面

图 2-2-2　双极化栅格天线

2.2.2　喇叭天线

喇叭天线的工作类似于日常所用的为声波提供方向性的声波喇叭筒。喇叭天线起着由波导模到自由空间模缓慢过渡的作用，缓慢过渡减弱了反射。由行波天线的分析得知，行波特性使天线能够获得低驻波比和宽频带特性。

喇叭天线的金属壁无法用简单的正交坐标系表示，再加上喇叭天线口径场存在平方率相位分布，所以严格求解喇叭天线的辐射场比较困难，只能用近似的方法，就是不考虑喇叭天线内场与外场之间的相互影响，在不考虑喇叭天线外场影响的情况下求解喇叭天线的内场，从而找出其口径场分布，然后代入口径辐射积分公式求出外场——辐射场。

扇形喇叭的主要缺点是方向系数不高，而且还有一个主平面的波瓣很宽，所以最常用的矩形喇叭天线是角锥喇叭。如图 2-2-3 所示，它是由 H-面和 E-面均渐渐扩展而构成。这种形状的角锥喇叭在两个主平面均产生较窄的波瓣，因而形成笔状波瓣。

与扇形喇叭采用相同的分析方法，即可得出辐射场的一般表示式。结果是角锥喇叭的主平面方向图与扇形喇叭的相同。确切地说，角锥喇叭的 E-面方向图与 E-面扇形喇叭的 E-面方向图相同，角锥喇叭的 H-面方向图与 H-面扇形喇叭的 H-面方向图相同。

角锥喇叭的方向性系数可由下式求出：

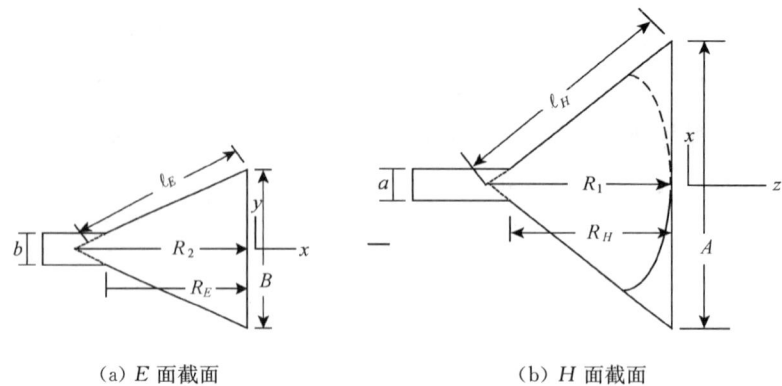

(a) E 面截面 (b) H 面截面

图 2-2-3 角锥喇叭天线

$$D_p = \frac{\pi}{32}\left(\frac{\lambda}{a}D_E\right)\left(\frac{\lambda}{b}D_H\right) \tag{2-2-1}$$

括号中的方向系数可直接由扇形喇叭的方向性系数得出。由上式计算出的增益与实验结果很吻合。喇叭的辐射效率 η_A 近似于 1,因此我们可以把增益近似等于方向性系数。

许多时候,喇叭天线都需要一个给定工作频率的特定增益。通常,使用最佳增益设计法设计喇叭天线,从而可以使轴向长度最短。设计最佳喇叭天线时,我们既要考虑在 E-面和 H-面上获得最佳增益尺寸,也要考虑到角锥喇叭的物理结构与波导匹配。

$$R_E = R_H = R_p \tag{2-2-2}$$

$$\frac{R_1}{R_H} = \frac{A/2}{A/2 - a/2} = \frac{A}{A-a} \tag{2-2-3}$$

$$\frac{R_2}{R_E} = \frac{B/2}{B/2 - b/2} = \frac{B}{B-b} \tag{2-2-4}$$

把 E-面 和 H-面的最佳尺寸关系式 ($A = \sqrt{3\lambda R_1}$, $B = \sqrt{2\lambda R_2}$) 代入到上面 3 个式子中,可得到角锥喇叭尺寸之间必须满足的关系式:

$$B = \frac{1}{2}\left(b + \sqrt{b^2 + \frac{8A(A-a)}{3}}\right) \tag{2-2-5}$$

再将上式代入最佳增益 $G = 0.51\frac{4\pi}{\lambda^2}AB$ 中,得:

$$G = \frac{4\pi}{\lambda^2}\varepsilon_{ap}AB = \frac{4\pi}{\lambda^2}\varepsilon_{ap}A\frac{1}{2}\left[b + \sqrt{b^2 + \frac{8A(A-a)}{3}}\right] \tag{2-2-6}$$

化简上式得到一个关于 A 的四次方程:

$$A^4 - aA^3 + \frac{3bG\lambda^2}{8\pi\varepsilon_{ap}}A = \frac{3G^2\lambda^4}{32\pi^2\varepsilon_{ap}^2} \qquad (2-2-7)$$

这就是最佳角锥喇叭的设计方程。对四次方程的求解可采用数学上的迭代法,第一次的试探解为:

$$A_1 = 0.45\lambda\sqrt{G} \qquad (2-2-8)$$

如图 2-2-4 所示为典型喇叭天线,图(a)为标准增益喇叭天线,用于定标其他天线。图(b)为波纹喇叭天线,是在喇叭天线的内壁中嵌入了波纹槽之后形成的一种天线。在光壁圆锥喇叭中嵌入波纹槽,就成了波纹圆锥喇叭。波纹圆锥喇叭最适合用作当代各类高性能天线的照射器,它已成为当代高性能的卫星通信、卫星电视和其他微波天线中照射器的主要形式。图(c)为加脊喇叭天线,喇叭天线就是由开路波导扩展而来,那么加脊喇叭天线同理也是由加脊波导终端开口逐渐增大而得到的。用中心脊对波导加载,通过降低其主模的截止频率来加宽波导的可用频带。将双脊结构从波导延伸到棱锥喇叭,可使喇叭的频带加宽许多倍。

(a) 标准增益喇叭天线

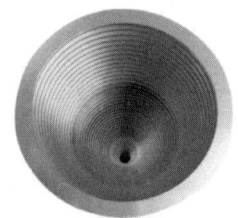
(b) 波纹喇叭天线

(c) 加脊喇叭天线

图 2-2-4 喇叭天线

2.2.3 抛物面天线

抛物面天线是指由抛物面反射器和位于其焦点上的照射器(馈源)组成的面天线。通常采用金属的旋转抛物面、切制旋转抛物面或柱形抛物面作为反射器,采用喇叭或带反射器的对称振子作馈源。

抛物面天线是一种单反射面型天线,利用轴对称的旋转抛物面作为主反射面,将馈源置于抛物面的焦点 F 上,馈源通常采用喇叭天线或喇叭天线阵列,如图 2-2-5 所示。发射时信号从馈源向抛物面辐射,经抛物面反射后向空中辐射。由于馈源位于抛物面的焦点上,电波经抛物面反射后,沿抛物面对称轴平行辐射。接收时,经反射面反射后,电波汇聚到馈源,馈源可接收到最大信号能量。

抛物面天线是由德国物理学家海因里希·赫兹在 1887 年发现无线电波时发明的。在这个历史性的实验中,他利用圆柱抛物面反射面与火花激励偶极子天线在焦点处传输和接收。抛物面天线的主要优势是它的高方向性。它的功能类似于一个探照灯或手电筒

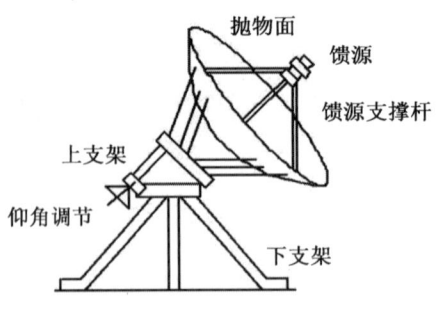

图 2-2-5　前馈式抛物面天线结构图

反射器,向一个特定的方向汇聚无线电波到狭窄的波束,或从一个特定的方向接收无线电波。抛物面天线有一些最高的收益,也就是说,它们可以产生最窄波束宽度,不论天线的类型。为了实现窄波束宽度,抛物面反射器必须远远大于所使用的无线电波的波长,所以抛物面天线是高频无线电频谱的一部分(UHF 和 SHF),在这个频段,波长小到可以使用反射面反射。

抛物面天线的类型主要有前馈抛物面天线、卡塞格伦天线、格里高利天线和环焦天线。

卡塞格伦天线由三部分组成,即主反射面、副反射面和辐射源。其中主反射面为旋转抛物面,副反射面为旋转双曲面。在结构上,双曲面的一个焦点与抛物面的焦点重合,双曲面焦轴与抛物面的焦轴重合,而辐射源位于双曲面的另一焦点上。它是由副反射器对辐射源发出的电磁波进行的一次反射,将电磁波反射到主反射器上,然后再经主反射器反射后获得相应方向的平面波波束,以实现定向发射。卡塞格伦天线相对于抛物面天线来讲,它将馈源的辐射方式由抛物面的前馈方式改变为后馈方式,这使天线的结构较为紧凑,制作起来也比较方便。另外卡塞格伦天线可等效为具有长焦距的抛物面天线,而这种长焦距可以使天线从焦点至口径面各点的距离接近于常数,因而空间衰耗对馈电器辐射的影响较小,使得卡塞格伦天线的效率比标准抛物面天线要高。

格里高利天线也是一种双反射面天线,也由主反射面、副反射面及馈源组成。与卡塞格伦天线不同的是,它的副反射面是一个椭球面。馈源置于椭球面的一个焦点 F_1 上,椭球面的另一个焦点 F_2 与主反射面的焦点重合。格里高利天线的许多特性都与卡塞格伦天线相似,不同的是格里高利天线的椭球面的焦点是一个实焦点,所有波束都汇聚于这一点。

对卫星通信天线的总要求是在宽频带内有较低的旁瓣、较高的口面效率及较高的 G/T 值,当天线的口面较小时,使用环焦天线能较好地同时满足这些要求。因此,环焦天线特别适用于 VSAT 地球站。环焦天线由主反射面、副反射面和馈源喇叭三部分组成,结构如图 2-2-6 所示。主反射面为部分旋转抛物面,副反射面由椭圆弧 CB 绕主反射面轴线 OC 旋转一周构成,馈源喇叭位于旋转椭球面的一个焦点 M 上。由馈源辐射的电波经副反射面反射后汇聚于椭球面的另一焦点 M',M' 是抛物面 OD 的焦点,因此,经主反射面反射后的电波平行射出。由于天线是绕机械轴的旋转体,因此焦点 M' 构成一个垂直于天线轴的圆环,故称此天线为环焦天线。环焦天线的设计可消除副反射面对电波的阻挡,也可基本消除副反射面对馈源喇叭的回射,馈源喇叭和副反射面可设计得很近,这样有利于在宽频带降低天线的旁瓣和驻波比,提高天线效率。缺点是主反射面的利用率低。

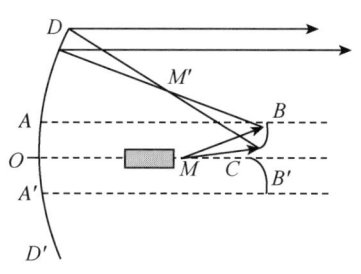
图 2-2-6　环焦天线结构图

图 2-2-7　抛物面天线

抛物面天线用作点对点通信的高增益天线,用于微波转播环节等,把附近的城市之间的电话和电视信号,无线 WAN/LAN 链接数据通信、卫星通信和卫星通信天线。它们也用于射电望远镜。如图 2-2-7 所示为典型的抛物面天线,它的工作频率范围是 5 100～5 800 MHz,极化方式为垂直和水平双极化。

还有一种大型抛物面天线是雷达天线,它可通过传输窄束无线电波来定位船只、飞机和导弹等对象。

第 3 章

电磁波与天线综合实验系统介绍

3.1　系统简介

如图 3-1-1 所示,电磁波与天线综合实验系统是由信号源、射频功率放大器、发射天线、无源感应器(接收)、计算机、反射板和实验架轨平台等部分组成。信号源产生的无线电信号,经由射频功率放大器,再通过射频电缆将信号传送给发射天线,当按下发射(TX)按钮时,向空间发射电磁波,所辐射出的电磁波作为实验测试信号;通过无源感应器接收空间信号,可直观观察到电磁波的波腹、波节以及电磁波的极化等传播特性,为我们提供了一种测量天线方向图、天线增益、天线极化等特性的测试平台。

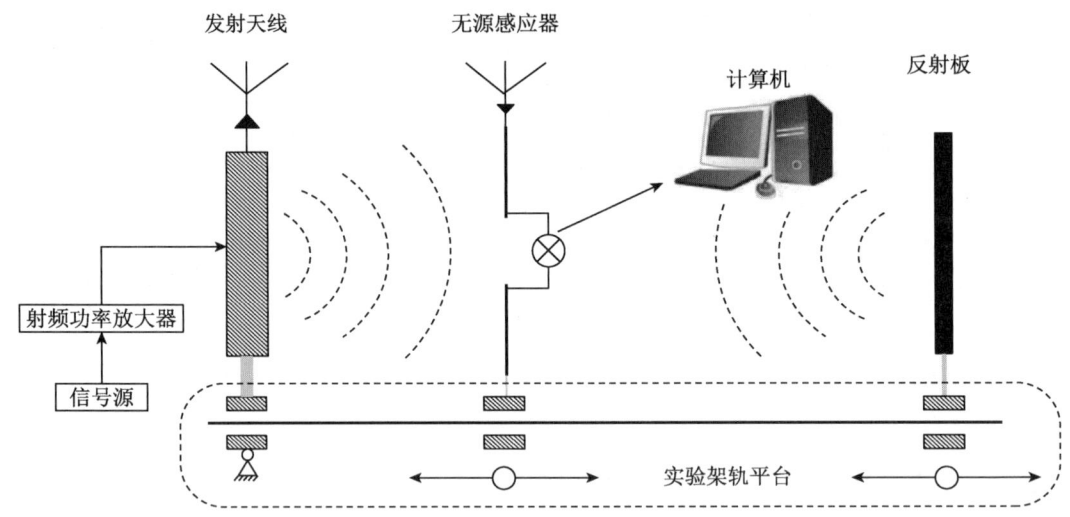

图 3-1-1　电磁波与天线综合实验系统原理图

本系统包含发射系统、接收系统、天线转动平台、数据处理及终端显示系统,同时集多种测试功能于一体。利用本实验系统进行实验,能够使学生深刻理解电磁波的传播、反射与折射、传输线的传输特性、天线的辐射特性、天线接收理论、对称振子天线、引向天线、喇叭天线、天线阵等的原理和作用。还可通过自主动手制作振子感应器、振子接收天线、定向天线等,培养学生对天线、电波传播等相关知识点的应用和创新能力。本系统是针对电磁场与电磁波、天线教学而设计的开放性综合实验平台,提供"电磁场与天线"核心课程群所包含的不同课程的创新实验。

本系统是针对电磁场与电磁波、天线教学而设计的开放性综合实验平台,提供"电磁场与天线"核心课程群所包含的不同课程的创新实验。实验内容包括验证性实验和设计性实验,通过电磁波的形象化呈现,巩固和加强学生对电磁波的传播、反射与折射、传输线的传输特性、天线的辐射特性、天线接收理论、对称振子天线、引向天线、喇叭天线、天线阵等的原理和作用认识。通过自主动手制作振子感应器、振子接收天线、定向天线等,培养学生对天线、电波传播等相关知识点的应用和创新能力。

3.2 系统组成

如图 3-2-1 所示为实验系统结构图,主要分成导轨和主机两大部分,导轨部分包括四极化天线、俯仰角云台、俯仰角转盘、方位角云台、方位角转盘、反射板、导轨、滑块、标尺,主机部分包括电磁波发射开关、射频放大输出端口、启动开关、数据输入端口、拓展实验输出端口等部分。

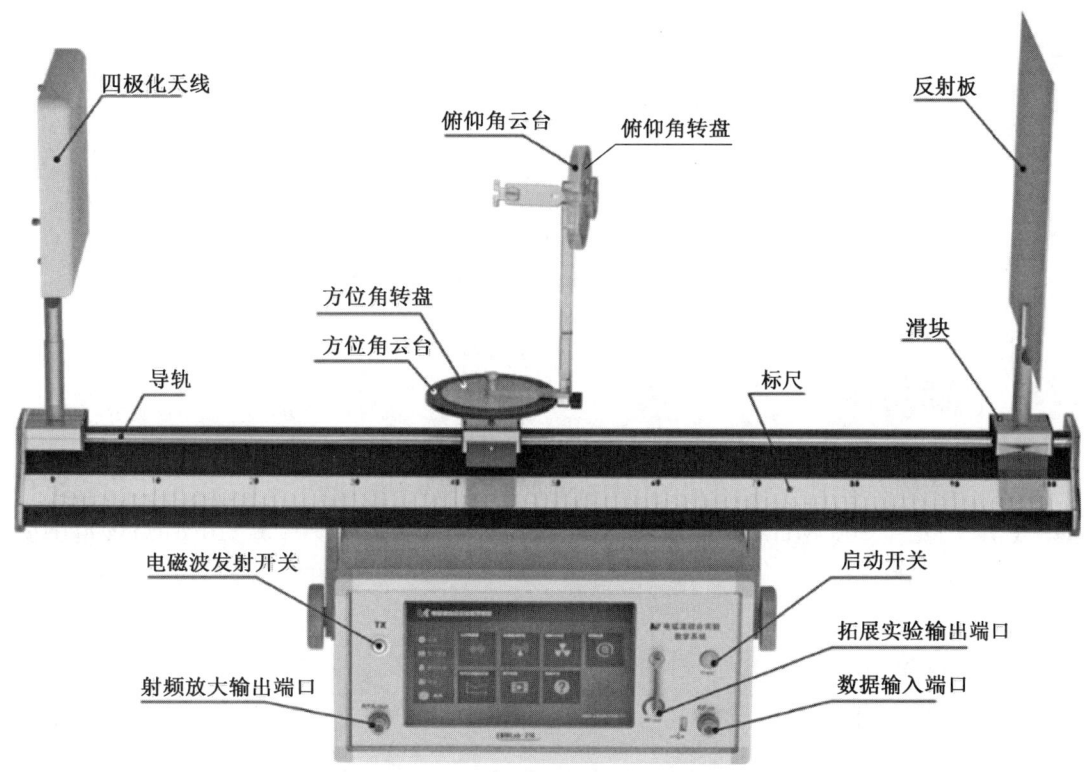

图 3-2-1 电磁波与天线综合实验系统结构图

(1) 四极化天线:可重构极化的天线,根据接入端口不同,可以分别发射垂直极化、水平极化、左旋圆极化、右旋圆极化的电磁波,对应端口分别为 A、B、C、D。工作频率为 700～1 200 MHz。

(2) 俯仰角云台:用于调整竖直面俯仰角的设备。

(3) 俯仰角转盘:天线在竖直面内旋转,俯仰角旋转范围为 0°～360°。

(4) 方位角云台:用于调整水平面方位角的设备。

(5) 方位角转盘:天线在水平面内旋转,方位角旋转范围为 0°～360°。

(6) 反射板:金属板,可以反射电磁波,也可以屏蔽电磁波。

(7) 导轨:用于引导和支撑运动部件,导轨上安装有四极化天线、云台和反射板。

(8) 滑块:装于导轨上,用于滑动云台和反射板。

(9) 标尺:导轨上的刻度,用于记录位置。

(10) 电磁波发射开关:当按下发射开关后,经过放大的电磁波,从射频放大输出端口输出。

(11) 射频放大输出端口:放大信号端口,若需使用经放大过的信号,接此实验端口,使用时需按住电磁波发射开关。

(12) 启动开关:用于启动实验系统。

(13) 数据输入端口:将接收到的信号输入系统。

(14) 拓展实验输出端口:有部分实验需要使用未经放大过的信号,可接此实验端口输出。

图 3-2-2 所示为系统的测量线。

图 3-2-2 测量线

3.3 性能指标

(1) 工作频率范围:138～4 400 MHz,8.5～10.5 GHz。其中,线天线的工作频率在基本频段 700～1 200 MHz 范围内,面天线的工作频率在高频段 8.5～10.5 GHz 范围内(喇叭天线)。

(2) 发射功率:≤30 dBm。

(3) 长度量程:700 mm。

(4) 云台可调角度:360°。

(5) 旋转测量精度:1°。

(6) 极化:极化可重构,包括垂直线极化、水平线极化、左旋圆极化、右旋圆极化。

(7) 输入阻抗:50 Ω。

(8) 电磁波感应灵敏度:10 mW。

(9) 接收动态范围:70 dB。

(10) 实验行程:1 000 mm。

(11) 实验云台:H 面 360°,E 面 360°。

(12) 射频接口:SMA,N 型。

3.4 操作介绍

如图 3-4-1 所示为四极化天线。取出四极化发射天线,将其插入实验系统上已经装配好的发射天线杆中,如图 3-4-1(a)侧视图所示,将其辐射面置于垂直于导轨方向,锁紧固定螺钉。如图 3-4-1(b)背面图所示,四极化天线背面有四个 SMA 连接头,其中 A 口为垂直极化,B 口为水平极化,C 口为右旋圆极化,D 口为左旋圆极化,分别覆盖垂直极化、水平极化、左旋圆极化、右旋圆极化四种电磁波辐射状态。选择使用其中的一个端口,也即是一种辐射状态时,请务必将其他三个未使用的 SMA 端口用短路负载全部封堵,短路负载如图 3-4-1(c)所示。

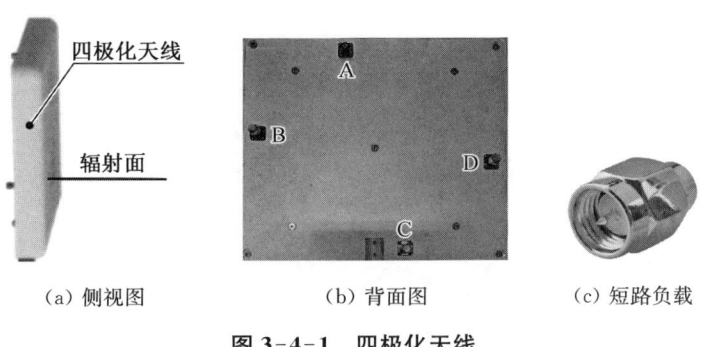

(a) 侧视图　　　　　(b) 背面图　　　　　(c) 短路负载

图 3-4-1　四极化天线

取出射频连接电缆,分别将电缆两头 SMA 连接到发射天线和实验系统前面板的左侧(RFA-out)N 型转换器。如图 3-4-2 所示为射频电缆连接。反复确认电缆两端 SMA 连接线与发射天线和实验系统前面板左侧(RFA-out)N 型连接器输出端可靠连接后,最后连接实验系统背面的电源线,确认电源供电正常,并确认电源线连接可靠,打开实验系统电源插座旁的电源开关,完成实验前的准备。

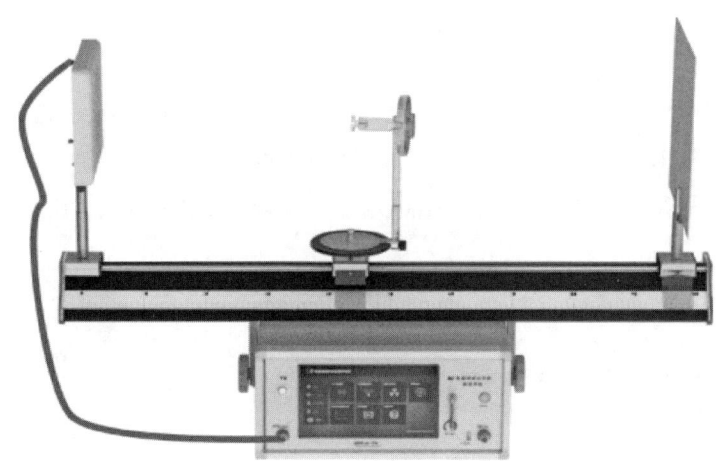

图 3-4-2　射频电缆连接

分别取出方位角云台和俯仰角云台,如图 3-4-3 所示。先将方位角云台底板快装板(凹板)对准架轨中间滑块上的快装板(凸板),旋紧架轨中间滑块上的锁紧旋钮,锁紧方位角云台。将方位角云台底板下边的支臂中孔对准方位角云台的轴,用云台锁紧螺钉压住俯仰角下边支臂；调整俯仰角云台至适合实验的位置，锁紧俯仰角云台定位螺钉；将振子感应器或振子接收天线固定于感应器支架上。架轨平台提供的方位角和俯仰角云台，通过手动旋转云台角度，可以让感应器或振子天线变化成不同姿态，进行完成与知识点相匹配的极化实验和天线实验等。

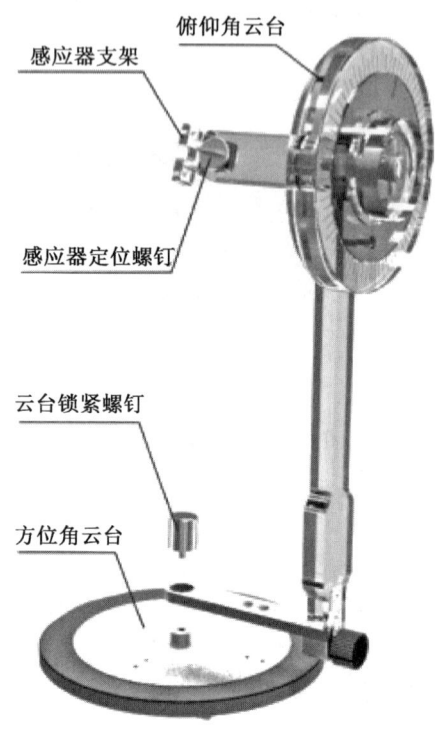

图 3-4-3　云台

如图 3-4-4 所示为半波对称振子天线，它是本系统实验标准振子接收天线，图 3-4-5 所示的 IPEX 极细信号采集电缆小头端与半波对称振子天线中心的 IPEX 电缆锁扣扣接，IPEX 极细信号采集电缆另一端 SMA 头与本实验系统前面板右侧的(RF-in)N 型转换器连接。

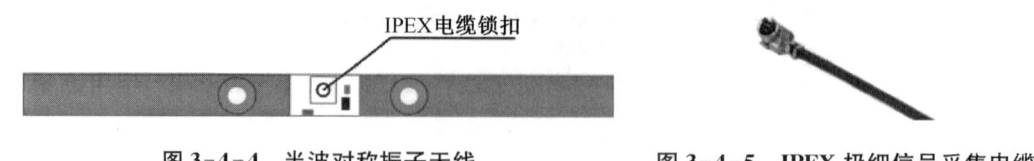

图 3-4-4　半波对称振子天线　　　　图 3-4-5　IPEX 极细信号采集电缆

轻按实验系统前面板上右侧的"Power"启动开关，电源开关灯亮，启动主机，耐心等待主机进入本系统实验操作主界面，如图 3-4-6 所示。

根据实验任务，在实验操作主界面上选择相应的实验模块，进入对应的实验界面。如图 3-4-7 所示，实验操作主界面上包括以下内容：

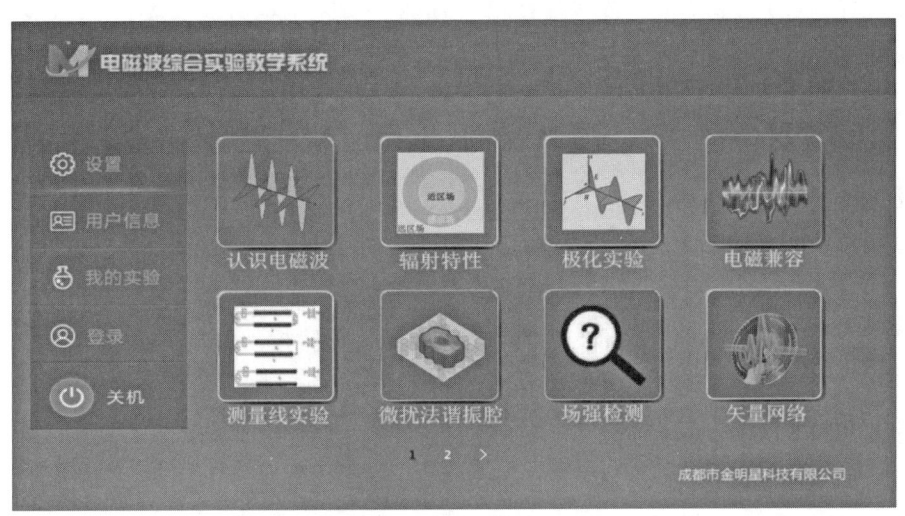

图 3-4-6 实验操作主界面

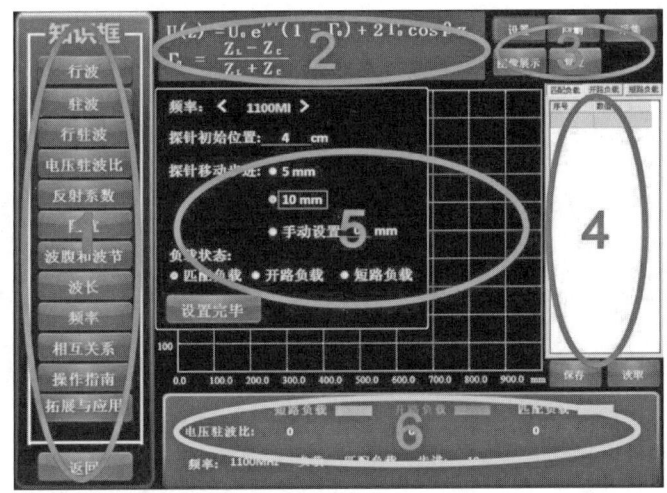

图 3-4-7 实验模块中实验操作主界面

(1) 知识框：点选该框选项，理解掌握知识内容；

(2) 公式栏：正确理解相关知识的数学表达；

(3) 设置操作栏：对不同实验项目过程的参数进行设置，并采集实验数据；

(4) 数据栏：适时采集客观数据表；

(5) 图形显示框：适时采集客观数据的图形展示；

(6) 实验结果：实验结果展示。

按照菜单触摸点选择实验类型，设置实验参数。

按下本实验系统前面板上的"TX"按钮时，天馈系统将向空间发射射频放大信号，并向空间发射电磁波。本系统内置场强仪检查功能,当按"TX"发射按钮时,发射按钮自带的指示灯(黄色)将随即点亮,同时向空间发射电磁波信号,当面板右下角的"RF-in"与感应器连接后,将自动检测到振子接收天线与发射天线不同位置的场强大小,并自动记录下由接收天线不同姿态和到发射天线不同位置情形下的电场强弱变化轨迹。系统按下"TX"发射按钮时,端口必须接有负载,若负载是天线,则天线的工作频率和驻波系数应事先经过测量,符合系统发射信号指标方可使用。暂时不用的其他三个端口,需反复确认已可靠连接的短路负载,以防止错误操作损坏实验系统。

支架平台提供两个可滑动的支架滑块,用于不同实验模块需要安装反射板或测试天线时使用。架轨右端的滑块配置不同介质的反射板,开展不同介质的反射和折射实验,测量电磁波的波长、频率,计算电磁波的传播速度。

传输线实验需要卸下实验系统前面板右侧的短路连接电缆,如图 3-4-8 所示,将前面板右侧端口(RF-out)作为输出口,通过射频电缆的 SMA,与传输线等其他实验项目的硬件模块输入端连接,通过点击相关实验模块中的采集按钮(或扫频)选项,采集输入信号,由计算机将采集到的信号绘制成轨迹图像,并对图像信号进行归纳分析。

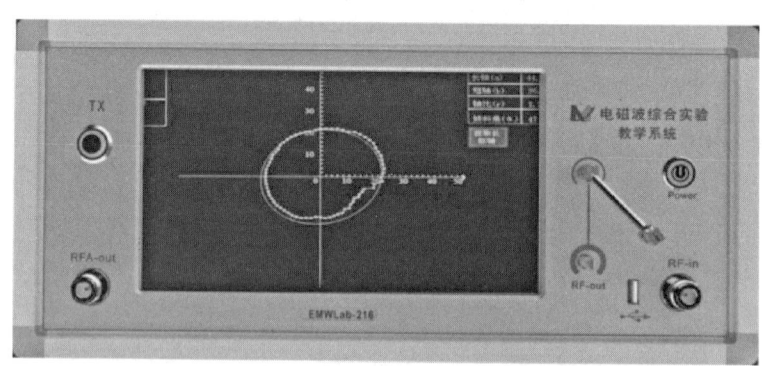

图 3-4-8　打开短路连接电缆示意图

第 4 章

基础实验

4.1 电磁波的波长测量实验

4.1.1 实验目的

(1) 掌握电磁波的空间传播特性；

(2) 理解电磁波的反射和折射特性；

(3) 测量电磁波的波长。

4.1.2 实验原理

在电磁场理论中，要研究某些物理量（如电位、电场强度、磁场强度等）在空间中的分布和变化规律，为此，引入了场的概念。如果每一时刻，一个物理量在空间中的每一点都有一个确定的值，则称在此空间中确定了该物理量的场。

电磁场是分布在三维空间的矢量场，矢量分析是研究电磁场在空间分布规律和变化规律的基本数学工具之一。标量场在空间中的变化规律由其梯度来描述，而矢量场在空间中的变化规律则通过场的散度和旋度来描述。

在矢量场中，各点的场量是随空间位置变化的矢量。假设电磁波是无界空间中沿 $+z$ 方向传播的波，并设角频率为 ω、相位常数为 k、初相位为 ϕ，此时电场强度瞬时值表达式为

$$E(z,t) = E_0 \cos(\omega t - kz + \phi) \qquad (4\text{-}1\text{-}1)$$

式中，E_0 是电场强度的振幅，ωt 是电磁波的时间相位，kz 为电磁波的空间相位。电磁波的等相位面是 $z=$ 常数的平面，因此称这种电磁波为平面电磁波（简称平面波）。又因为在 $z=$ 常数的等相位面上各点场强相等，因此，这种等相位面上场强均匀分布的平面波又称为均匀平面波（有时也简称为平面波）。固定某一时间，观察不同空间位置的电磁波场量变化；固定某一位置，观察不同时间的电磁波场量变化，以便正确理解初始相位、空间相位、时间相位、波长、周期、频率、波数、相速度的关系。

均匀平面波是电磁波最基本的形式，电磁波的等相位面也可以是球面、柱面和其他形状的曲面，在距离发射天线很远的地方，天线辐射球面波（球面）上面积较小的一个局部，即可看成是均匀平面波。此外，任何复杂形态的电磁波都可以用均匀平面波叠加得到。均匀平面波的传播可看作是无数波面一个紧接一个向前运动的结果，波面（等相位面）的运动速度称为相速度，记为 v_p。

$$v_p = \frac{\omega}{k} = \frac{c}{\sqrt{\mu_r \varepsilon_r}} \; (\text{m/s}) \qquad (4\text{-}1\text{-}2)$$

均匀平面波在理想介质中等相位面的移动速度（即相速）等于光速，即在真空中，$v_p =$

$$c = \frac{1}{\sqrt{\mu_0 \varepsilon_0}} = 3 \times 10^8 (\text{m/s})。$$

电磁波空间相位 kz 变化 2π 所经过的距离称为电磁波的波长,用 λ 表示。由 $k\lambda = 2\pi$,得到

$$k = \frac{2\pi}{\lambda} \qquad (4\text{-}1\text{-}3)$$

式中,k 为电磁波的相位常数(或波数),也可以表示为 $k = \omega\sqrt{\mu\varepsilon}$。在理想介质中,电磁波的波长为

$$\lambda = \frac{2\pi}{k} = \frac{\lambda_0}{\sqrt{\mu_r \varepsilon_r}} \qquad (4\text{-}1\text{-}4)$$

式中,λ_0 为真空中电磁波的波长,也称为工作波长。这样,电磁波的波数、相速度与波长之间的关系为

$$v_p = \frac{\omega}{k} = \frac{2\pi f}{k} = \lambda f \qquad (4\text{-}1\text{-}5)$$

如图 4-1-1 所示,发射天线发出电磁波在空间传播,可视为均匀平面波,一部分入射波直接到达接收天线,另一部分入射波继续在空间传播,垂直入射到反射板,被反射板全部反射回来,也到达接收天线。两列波在同一种介质中传播时,各自的频率、波长、振幅、初相位等不会发生改变,入射波和反射波的频率相同、极化方式相同、传播方向相反,由于波程差而存在相位差,在发射天线和反射板之间空间区域进行叠加,形成合成波,合成波的振幅随位置不同呈现起伏变化,由于全部反射,所以反射系数 $|\Gamma| = 1$,合成波是纯驻波。驻波中振幅最大的位置称为波腹点,振幅最小的位置称为波节点。

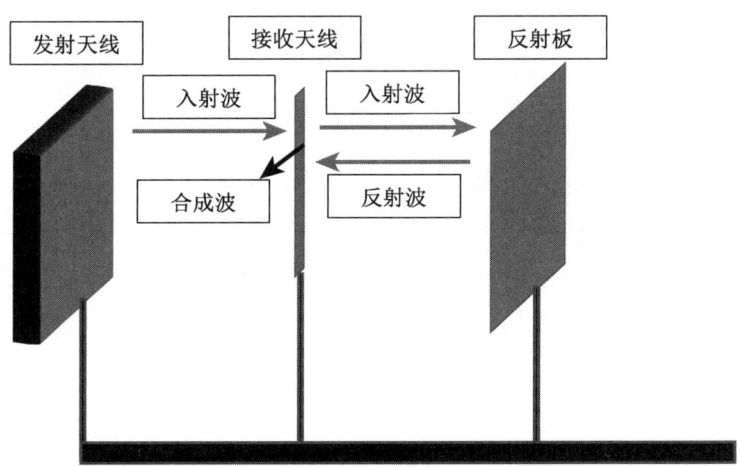

图 4-1-1 电磁波传播示意图

接收天线在发射天线和反射板之间移动,到达接收天线所在处的两列电磁波的振幅相同,只是因波程不同而存在一定的相位差,当相位差满足一定关系时,在接收天线位置可以产生波腹或波节,如图 4-1-2 所示。

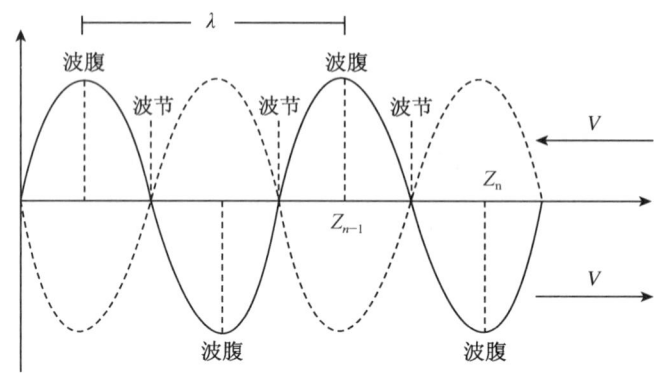

图 4-1-2 驻波

假设入射波电场为 x 方向的线极化波,入射波沿 $+z$ 方向传播,到达接收天线的两列电磁波的电场振幅可表示为:

$$E_i(z,t) = E_0 \cos(\omega t - kz) \quad (4-1-6)$$

$$E_r(z,t) = E_0 \cos(\omega t - kz + \delta) \quad (4-1-7)$$

其中,$\delta = kz$,表示因波程差而造成的相位差。

(1) 当 $\delta = kz_1 = 2n\pi (n=0,1,2\cdots\cdots)$,即两列波的相位差是 π 的偶数倍时,接收天线所在处,合成波的振幅最大,z_1 的位置为波腹点,$z_1 = \dfrac{2n\pi}{k} = n\lambda$;

(2) 当 $\delta = kz_2 = 2n\pi + \pi (n=0,1,2\cdots\cdots)$,即两列波的相位差是 π 的奇数倍时,接收天线所在处,合成波的振幅最小,z_1 的位置为波节点,$z_2 = \dfrac{2n\pi + \pi}{k} = n\lambda + \dfrac{1}{2}\lambda$;

(3) 反射板移动的距离为 ΔL,波程差 $\Delta z = z_2 - z_1 = \dfrac{1}{2}\lambda$,则 $\Delta z = 2\Delta L$,$2\Delta L = \dfrac{1}{2}\lambda$,$\lambda = 4\Delta L$,测得反射板移动的距离,便可确定电磁波的波长。

根据以上分析,固定接收天线,移动反射板,即改变反射波的波程,得到波程差和相位差,形成驻波。实际上,入射波和反射波的振幅不可能完全相同,所以,合成波的波腹振幅不是入射波振幅的两倍,合成波的波节也不是恰好为零。

4.1.3 实验内容及步骤

4.1.3.1 实验内容

(1) 完成测量电磁波波长实验装置的搭建;
(2) 采用振子感应器接收电磁波,观察振子感应器的明暗变化情况,判断波腹、波节

的出现,记录相应反射板的位置,计算电磁波的波长;

(3) 采用振子接收天线接收电磁波,采集接收数据,绘制数据曲线,获取波腹、波节的出现,记录相应反射板的位置,计算电磁波的波长;

(4) 将波长的实验值与理论值进行对比分析,进一步理解和掌握电磁波的传播、反射和折射特性。

4.1.3.2 实验步骤

(1) 如图 4-1-3 所示搭建实验装置。其中,发射天线采用的是四极化天线,反射板采用的是金属板。

首先,将四极化天线和反射板分别连接支撑杆并用螺丝固定,然后垂直放在导轨上,保持天线辐射面与导轨方向相同,保持反射板与四极化天线相对,检查四极化天线背面的 B、C、D 端口是否都已连接匹配负载。

其次,将振子感应器固定在云台连接块上,保持振子感应器竖直放置,云台支臂与导轨平行,固定云台支臂。

然后,将方位角云台移动至导轨上的 30 cm 刻度处。

最后,将一个 N 型转接头与主机面板上的射频放大输出接口 RFA-out 连接,然后将高频电缆的一端与 N 型转接头连接,另一端与四极化天线 A 端口连接。进入实验系统主界面中"辐射特性"实验界面。

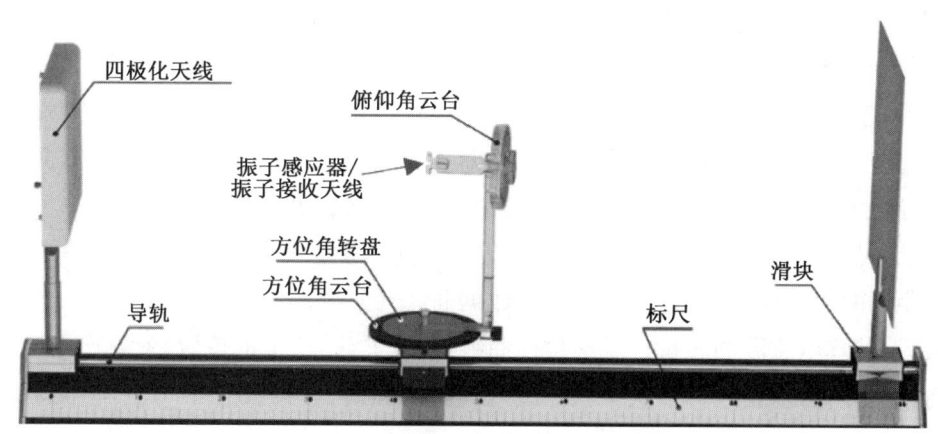

图 4-1-3 测量电磁波波长的实验装置

(2) 将振子感应器放置在四级化天线和反射板之间的云台上接收电磁波。

首先,进行参数设置。单击实验操作主界面上的"设置"按钮,弹出参数设置界面,单击频率设置文本框,在弹出的小键盘中输入"1 100",并单击"OK"按钮,将发射频率设置为 1 100 MHz。然后,发射电磁波。按下电磁波发射开关,并且保持发射状态,从远到近移动反射板,注意观察振子感应器的明暗变化情况。最后,判断波腹和波节。通过振子感应器明暗变化程度,判断波腹(感应器最亮)、波节(感应器最暗)的出现规律。

移动反射板并观察感应器,在第一次感应器最亮时,记录反射板位置 z_1,即波腹位置;再移动反射板至第一次感应器最暗时,记录反射板位置 z_2,即波节位置;根据相邻波腹和波节之间的距离,计算出电磁波的波长。

继续移动反射板,记录第二次感应器最亮和最暗时反射板的位置,并计算电磁波的波长;重复此步骤 3 次,计算电磁波的平均波长,将测量结果记入表 4-1-1 中。

表 4-1-1 振子感应器测量数据结果表

实验次数	1	2	3
波腹位置 z_1			
波节位置 z_2			
$\Delta L = z_2 - z_1$			
自由空间波长 $\lambda = 4\Delta L$			
波长的平均值 $\lambda = (\lambda_1 + \lambda_1 + \lambda_1)/3$			

(3) 将振子感应器取下,换上振子接收天线,连接电缆,接收电磁波。

首先,安装接收天线。保持振子接收天线竖直放置,云台支臂与导轨平行,将云台移动至导轨上的 19 cm 刻度处,反射板移动至导轨上的 30 cm 刻度处。

其次,进行参数设置。单击"设置"按钮后,弹出参数设置界面,单击频率设置文本框,在弹出的小键盘中输入"900",然后单击"OK"按钮,将发射频率设置为 900 MHz;单击"采样点距"选项里"1 cm"前的复选框,将反射板每次移动的距离设置为 1 cm;单击"起始距离"文本框,输入"30",单击"OK"按钮,将反射板的实际位置与实验界面显示对应。

然后,连接电缆,发射电磁波。将一个 N 型转接头与面板右下侧射频输入接口 RF-in 连接,将数据接收电缆 SMA 与此 N 型转接头连接。按下电磁波发射开关,获取反射板在导轨上 30 cm 刻度处时接收天线接收到的电场强度,实验界面会在直角坐标系 30 cm 处绘点。将反射板从导轨上 30 cm 刻度处向右侧按照采样点距移动,每移动一个采样点距同时进行电磁波数据采集,绘制数据曲线。

最后,计算电磁波的波长。观察数据曲线,获取波腹、波节的位置,计算出电磁波的波长。将数据复位,重新进行一次实验。进行 3 次实验后,获得波长平均值,将测量结果记入表 4-1-2 中。

表 4-1-2 振子接收天线测量数据结果表

实验次数	1	2	3
波腹位置 z_1			
波节位置 z_2			
$\Delta L = z_2 - z_1$			
自由空间波长 $\lambda = 4\Delta L$			
波长的平均值 $\lambda = (\lambda_1 + \lambda_1 + \lambda_1)/3$			

(4) 根据工作频率,计算电磁波的波长,作为理论值。将实验测得的波长与理论值进行对比分析。

4.1.4 实验注意事项

(1) 搭建测量电磁波波长的实验装置时,发射天线、接收天线和反射板三者要相互平行,也就是均垂直于导轨方向,并且固定在支撑杆上,不能晃动;

(2) 发射天线和接收天线要极化匹配;

(3) 发射天线与 RFA-out 端口连接,需要发射电磁波时,一定要按下"TX"键,并保持按下状态,当不用时,则松开"TX"开关;

(4) 在波长测量的过程中,不要将头或手挡在发射天线和接收天线之间或者接收天线与反射板之间,影响测量结果;

(5) 振子感应器离发射天线的距离不能太近,以防电流过大将感应器烧坏。

4.1.5 实验报告

实验报告一　电磁波的波长测量实验报告

姓名:　　　　　　　学号:　　　　　　　专业:

同组人员:　　　　　实验地点:　　　　　实验时间:

仪器编号:　　　　　指导教师:　　　　　成绩:

实验目的:

实验原理:

实验步骤:

实验数据及分析:

4.2 电磁波的极化实验

4.2.1 实验目的

(1) 理解电磁波的极化特性；

(2) 完成电磁波极化特性的测量；

(3) 判别发射天线的极化方式以及极化旋向；

(4) 理解电磁波的极化与天线极化之间的关系。

4.2.2 实验原理

均匀平面波是横电磁波 TEM 波，假设电磁波沿 +z 方向传播，其场量只可能有 x 和 y 方向的分量。但一般情况下，这两个分量的振幅未必相等，相位也不一定相同，所以在同一个波阵面上，合成场矢量的振动状态随时间的变化方式也就不同。

均匀平面波传播过程中，在某一个波阵面上电场强度矢量的振动状态随时间的变化方式，被称为电磁波的极化。极化描述的是在空间给定点上电场强度矢量 E 的取向随时间变化的特性，可以用电场强度矢量的端点随时间描出的轨迹表示。由于电场、磁场和波矢量之间的关系是确定的，所以只要指出电场强度振动状态随时间变化的方式，即可得到磁场强度振动状态随时间变化的方式，如图 4-2-1 所示。

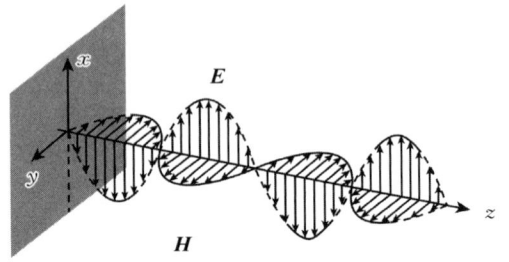

图 4-2-1 电磁波的极化

如图 4-2-2 所示，沿 +z 方向的均匀平面电磁波，电场强度矢量 E 含有 x、y 两个分量：

$$E_x(z,t) = E_1 \cos(\omega t - kz + \varphi_1) \quad (4-2-1)$$

$$E_y(z,t) = E_2 \cos(\omega t - kz + \varphi_2) \quad (4-2-2)$$

其中，E_1、E_2 分别是电场 x、y 分量的振幅，φ_1、φ_2 是电场 x、y 分量的初相位。为了讨论方便，取 $z=0$ 的波阵面，其他位置上的电场极化方式也是相同的。

$$E_x(t) = E_1 \cos(\omega t + \varphi_1) \quad (4-2-3)$$

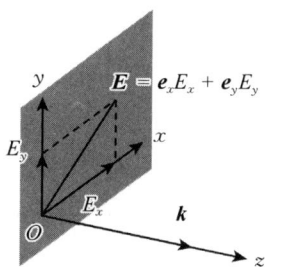

图 4-2-2 电场强度矢量 E

$$E_y(t) = E_2\cos(\omega t + \varphi_2) \tag{4-2-4}$$

消去参量 t，整理后得到电场强度矢量的轨迹方程：

$$\frac{1}{E_1^2\sin^2\delta}E_x^2 - \frac{2\cos\delta}{E_1 E_2 \sin^2\delta}E_x E_y + \frac{1}{E_2^2\sin^2\delta}E_y^2 = 1 \tag{4-2-5}$$

轨迹形状与振幅比 $m = E_2/E_1 (m \geqslant 0)$ 和相位差 $\delta = \varphi_2 - \varphi_1$ 有关。根据电场强度 E 矢端轨迹的形状，均匀平面波的极化状态有三种：线极化、圆极化和椭圆极化，如图 4-2-3 所示。

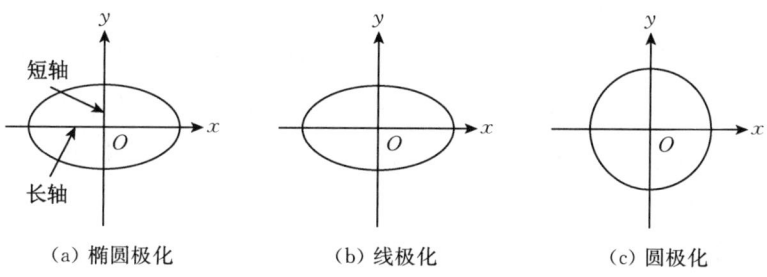

(a) 椭圆极化　　(b) 线极化　　(c) 圆极化

图 4-2-3 三种极化状态

(1) 当 $E_2 = 0$，而 $E_1 > 0$ 时，场强 E 的矢端轨迹是平行于 x 轴的一条直线，称为水平极化；

(2) 当 $E_1 = 0$，而 $E_2 > 0$ 时，场强 E 的矢端轨迹是平行于 y 轴的一条直线，称为垂直极化；

(3) 当 $E_1 E_2 \neq 0$，且 $\delta = 0$ 时，即两分量同相，合成波是线极化波；

(4) 当 $E_1 E_2 \neq 0$，且 $\delta = \pm\pi$ 时，即两分量反相，合成波是线极化波；

(5) 当 $E_1 = E_2$ 时，若 $\delta = \pm\pi/2$，则合成波是圆极化波，极化旋向包括左旋和右旋；

(6) 当 $E_1 \neq E_2$ 时，若 $\delta = \pm\pi/2$，则合成波是椭圆极化波，极化旋向包括左旋和右旋。

关于极化旋向的判别，可选择两个特殊时刻判断其绕行方向：

(1) 当 $\omega t + \varphi_1 = 0$ 时，$(E_x, E_y) = (E, 0)$，矢端落在 $+x$ 轴上；当 $\omega t + \varphi_1 = \pi/2$ 时，$(E_x, E_y) = (0, E)$，矢端落在 $+y$ 轴上；矢端按逆时针方向绕行，故为右旋圆极化波或右旋椭圆极化波，如图 4-2-4(a)所示。

(2) 当 $\omega t + \varphi_1 = 0$ 时，$(E_x, E_y) = (E, 0)$，矢端落在 $+x$ 轴上；当 $\omega t + \varphi_1 = \pi/2$ 时，

$(E_x, E_y) = (0, -E)$，矢端落在 $-y$ 轴上；矢端按顺时针方向绕行，故为左旋圆极化波或左旋椭圆极化波，如图 4-2-4(b)所示。

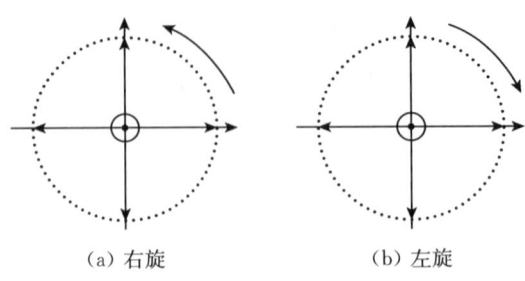

(a) 右旋　　　　　　(b) 左旋

图 4-2-4　圆极化

本实验中发射天线采用的是四极化天线，可以分别发射垂直极化、水平极化、左旋圆极化、右旋圆极化的电磁波，根据接入端口不同，对应端口分别为 A、B、C、D。采用振子感应器和振子接收天线作为接收端，接收天线接收（发射）的波为线极化波。

4.2.3　实验内容及步骤

4.2.3.1　实验内容

（1）完成电磁波的极化实验装置的搭建；

（2）采用振子感应器接收电磁波，观察感应器的明暗现象，判断发射天线的极化方式；

（3）采用振子接收天线接收电磁波，绘制接收数据曲线，判断发射天线的极化方式；

（4）改变接收天线，通过采集数据绘制数据曲线，对比分析，判断极化方式，进一步熟悉电磁波的极化特性。

4.2.3.2　实验步骤

（1）如图 4-2-5 所示搭建实验装置。

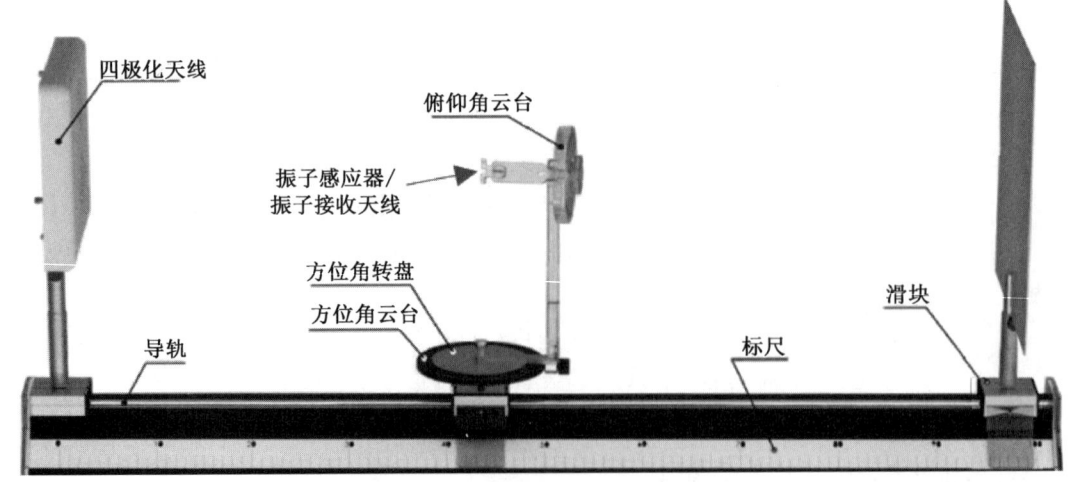

图 4-2-5　电磁波的极化实验装置

首先，放置发射天线。将四极化天线（发射天线）连接支撑杆，垂直放在导轨上，保持发射天线辐射面与导轨方向相同，固定天线，检查四极化天线背面的 B、C、D 端口是否都已连接匹配负载。

其次，放置接收天线。将振子感应器（接收天线）固定在俯仰角云台的云台支臂连接块上，保持振子感应器竖直放置，云台支臂与导轨平行，固定云台支臂。

最后，连接电缆。将云台移动至导轨上 30 cm 刻度处，四极化天线 A 端口连接至射频放大输出接口。

（2）将振子感应器放置在发射天线和反射板之间的云台上接收电磁波。

首先，设置参数。进入实验系统主界面中的"极化实验"界面，将发射频率设置为 1 100 MHz。极化类型选择"垂直极化"，采样点距设置为 5°。

其次，发射电磁波。按下电磁波发射开关发射电磁波，并且保持发射状态，观察振子感应器上灯泡的明暗变化。若感应灯未亮，适当将其靠近发射天线，直到点亮。随后旋转云台转盘，观察感应器灯泡的明暗变化。以灯泡明暗度表示接收到的能量大小，进而判断对应的极化匹配状况。从水平方向开始旋转云台转盘，并记录下灯泡发光时的角度范围和灯泡熄灭时的角度范围，将测量结果记入表 4-2-1 中。

然后，更换极化方式。把四极化天线 A 端口上的高频电缆取下后，连接到 B 端口上，把卸下的匹配负载安装在相应的 A 端口上，按照端口 A 的实验步骤进行，观察灯泡的明暗变化，记录下感应器灯泡发光时的角度范围、感应器灯泡熄灭时的角度范围，并将测量结果记入表 4-2-1 中。按照这样的方式，依次将高频电缆连接到 C、D 端口上，重复上面的步骤，将测量结果记录在表 4-2-1 中。

最后，改变接收天线的位置。改变振子感应器的位置进行实验，将云台移动到导轨上 35 cm 处刻度。测量振子感应器在导轨 35 cm 处时，A、B、C、D 端口分别对应的感应器灯泡发光时的角度范围以及灯泡熄灭时的角度范围，并将测量结果记入表 4-2-1 中。

表 4-2-1　振子感应器测量数据结果表

频率	振子感应器位置/cm	端口	灯泡发光范围/°	灯泡熄灭范围/°
1 100 MHz	30	A		
		B		
		C		
		D		
	35	A		
		B		
		C		
		D		

（3）将振子感应器取下，换上振子接收天线，用连接电缆将天线与射频输入接口连

接,接收电磁波,将四极化天线 A 端口连接至射频放大输出接口。

首先,放置接收天线。保持振子接收天线竖直,云台支臂与导轨平行,将云台移动至导轨上 20 cm 刻度处。

其次,进行参数设置。设置发射频率为 900 MHz,采样点距为 5°,也就是将云台转盘每次旋转的角度设置为 5°。极化类型选择垂直极化。

然后,发射电磁波。在保持按下电磁波发射按钮的状态下,采集数据。获取云台在 20 cm 处,振子接收天线处于垂直时接收到的电场强度,实验界面会在极坐标 0°处绘制圆点,距离圆心的距离越远代表接收到的电场强度越强。按照采样点距设置要求,用云台转盘将振子接收天线从垂直方向旋转 5°。

保持按下电磁波发射按钮的状态,采集数据,获取振子接收天线偏离垂直方向 5°时,振子接收天线接收到的电场强度,实验界面会在极坐标系 5°处绘点并与 0°处的点连线。

以此类推,将振子接收天线旋转 360°。观察实验界面形成的数据曲线,获取接收强度最大时,距离圆心最远的圆点所处的角度,得到此时与发射天线最匹配的极化方式,并与用振子感应器接收的实验结果进行对比,将测量结果记入表 4-2-2 中。

其次,更换极化方式。把四极化天线 A 端口上的高频电缆取下后,连接到 B 端口上,把卸下的匹配负载安装在相应的 A 端口上,按照端口 A 的实验步骤进行,观察接收数据的变化,记录接收天线接收电场强度最大时的角度和接收天线接收电场强度最小时的角度,并将测量结果记入表 4-2-2 中。按照这样的方式,依次将高频电缆连接到 C、D 端口上,重复上面的步骤,将测量结果记录在表 4-2-2 中。

最后,改变接收天线的位置。改变振子感应器的位置进行实验,将云台移动至导轨上 25 cm 刻度处。测量振子接收天线位于导轨 25 cm 刻度处时,A、B、C、D 端口分别对应的接收电场强度最大时的角度和接收电场强度最小时的角度,并将测量结果记入表 4-2-2 中。

表 4-2-2 振子接收天线测量数据结果表

频率	振子接收天线位置/cm	端口	接收电场强度最大/°	接收电场强度最小/°
900 MHz	20	A		
		B		
		C		
		D		
	25	A		
		B		
		C		
		D		

(4) 将发射天线改为圆极化天线。

首先,改变发射天线的极化方式。将四极化天线的 C 端口连接至射频放大输出接口。

其次,改变振子感应器形式。如图 4-2-6 所示,将两个振子感应器进行组合,安装到云台上作为接收天线,将感应器旋转 360°,观察感应器灯泡的明暗变化,判别发射天线的极化方式以及极化旋向为左旋还是右旋,将测量结果记入表 4-2-3 中。

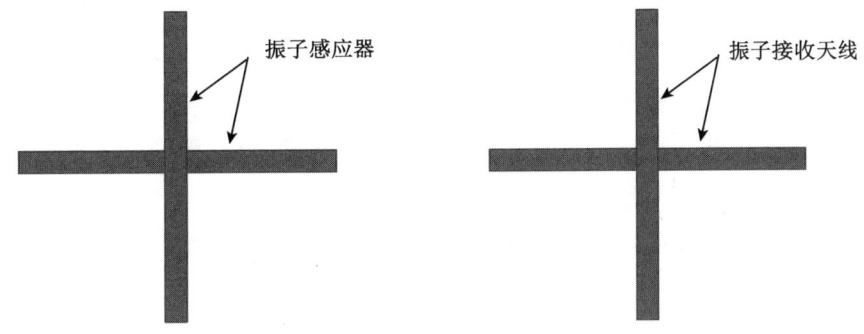

图 4-2-6　振子感应器组合　　　　　图 4-2-7　振子接收天线组合

然后,改变振子接收天线的形式。如图 4-2-7 所示,将两个振子接收天线进行组合,连接电缆至射频输入接口,将接收天线旋转 360°,采集数据,在实验界面上绘制曲线,通过数据和曲线判别极化方式以及极化旋向,进一步熟悉电磁波的极化特性,并将测量结果记入表 4-2-4 中。

最后,对比分析。将振子感应器和振子接收天线的测量结果进行对比分析。

表 4-2-3　振子感应器测量数据结果表

频率	振子感应器位置/cm	端口	灯泡发光范围/°	灯泡熄灭范围/°
1 100 MHz	30	C		
		D		
	35	C		
		D		

表 4-2-4　振子接收天线测量数据结果表

频率	振子接收天线位置/cm	端口	接收强度最大/°	接收强度最小/°
900 MHz	20	C		
		D		
	25	C		
		D		

4.2.4　实验注意事项

(1) 搭建电磁波的极化实验装置时,发射天线、接收天线两者要相互平行,也即是垂

直于导轨方向,并且固定在支撑杆上,不能晃动;

(2) 发射天线与 RFA-out 端口连接时,若需要发射电磁波,一定要按下"TX"按钮,并始终保持按下状态,当不用时,松开"TX"开关;

(3) 在测量的过程中,不要将头或手挡在发射天线和接收天线之间,以免影响测量结果;

(4) 反射板可以放置在导轨的最右端,相邻组在测试过程中主要起到隔离作用;

(5) 振子感应器离发射天线的距离不能太近,以防感应器烧坏;

(6) 振子接收天线在旋转的过程中,其上的连接电缆容易打结,要注意避免,同时应将电缆放置在天线右侧,以免影响接收天线接收电磁波;

(7) 四极化天线背面的端口在不使用的时候,一定要接上匹配负载。

4.2.5 实验报告

实验报告二 电磁波的极化实验报告

姓名: 　　　　　学号: 　　　　　专业:

同组人员: 　　　实验地点: 　　　实验时间:

仪器编号: 　　　指导教师: 　　　成绩:

实验目的:

实验原理:

实验步骤:

实验数据及分析:

4.3 微波测量线实验

4.3.1 实验目的

(1) 理解传输线中驻波的形成;

(2) 验证:终端开路时,在终端负载处电压最大;终端短路时,在终端负载处电压最小;

(3) 理解终端匹配的作用;

(4) 测量并计算传输线在不同模式下的驻波比和波长。

4.3.2 实验原理

传输线是指能够引导电磁能量从一处向另一处传输的各种形式传输系统的总称。传输线理论是分布参数电路理论,它在场分析和基本电路理论之间架起了桥梁。随着工作频率的升高,波长不断减小,当波长可以与电路的几何尺寸相比拟时,传输线上的电压和电流将随空间位置而变化,使电压和电流呈现出波动性,这一点与低频电路完全不同。

传输线上电压、电流的分布状态,通常有行波状态、驻波状态和行驻波状态。

4.3.2.1 行波状态

当传输线负载阻抗等于传输线特性阻抗时,此时传输线上只有入射波,没有反射波。行波状态意味着传输线不消耗能量,入射波能量全部被负载吸收,传输效率最高,即负载与传输线相匹配。

沿线各点的输入阻抗、反射系数、驻波比分别为:

$$Z_{in}(z) = Z_0, \Gamma(z) = 0, \rho = 1$$

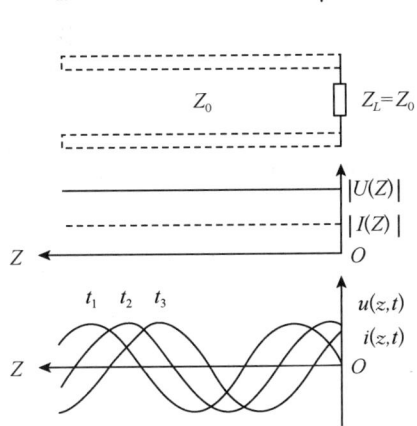

图 4-3-1 终端匹配时电压和电流的分布图

由此,可得行波状态下的分布规律:

(1) 传输线上电压和电流的振幅保持不变;

(2) 传输线上电压与电流同相;

(3) 传输线上的输入阻抗处处相等,且均等于特性阻抗。

4.3.2.2 驻波状态

当传输线终端短路($Z_L=0$)、开路($Z_L=\infty$)或接纯电抗负载时,传输线终端的入射波将被全反射,沿传输线入射波与反射波叠加形成驻波分布。驻波状态意味着入射波功率一点也没有被负载吸收,即负载与传输线完全失配。

当传输线终端短路时,负载阻抗 $Z_L=0$,$\Gamma_L=-1$,$\rho=\infty$,$Z_{in}(z)=jZ_0\tan\beta z$。终端电压反射波与入射波等幅反相;而电流反射波与入射波等幅同相。终端电压为零,而电流为入射波电流的二倍。整个传输线不消耗能量,也无能量传输,只有电磁能量振荡。

当传输线终端开路时,负载阻抗 $Z_L=\infty$,$\Gamma_L=1$,$\rho=\infty$,$Z_{in}(z)=jZ_0\cot\beta z$。终端电压反射波与入射波等幅同相;而电流与入射波等幅反相。终端电流为零,而电压为入射波的两倍。整个传输线不消耗能量,也无能量传输,只有电磁能量振荡。

当传输线终端接纯电抗负载时,负载阻抗 $Z_L=\pm jX_L$,$|\Gamma_L|=1$,$\rho=\infty$,$Z_{in}(z)=Z_0\dfrac{Z_L+jZ_0\tan(\beta z)}{Z_0+jZ_L\tan(\beta z)}$。由于纯电抗负载不消耗能量,因此在终端也形成全反射,传输线同样工作在驻波状态。

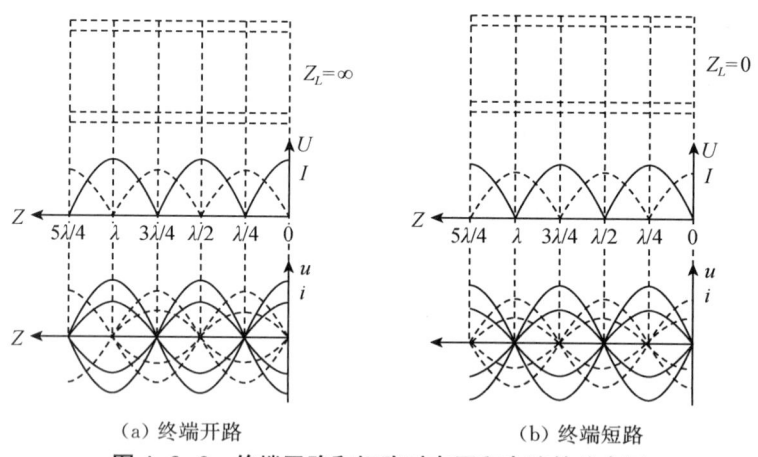

(a) 终端开路 (b) 终端短路

图 4-3-2 终端开路和短路时电压和电流的分布图

4.3.2.3 行驻波状态

当终端接任意负载,即 $Z_L=R_L\pm jX_L$ 时,入射波的一部分能量被终端负载吸收,一部分能量被反射,因此传输线上既有行波又有驻波,入射波和反射波叠加形成行驻波状态。

传输线上 $\Gamma_L=\dfrac{Z_L-Z_0}{Z_L+Z_0}=|\Gamma_L|e^{\pm j\varphi_L}$,$0<|\Gamma_L|<1$,$Z_{in}(z)=Z_0\dfrac{Z_L+jZ_0\tan(\beta z)}{Z_0+jZ_L\tan(\beta z)}$,$1<\rho<\infty$。

(1) 传输线上在 $z=\dfrac{\lambda}{4\pi}\varphi_L+n\dfrac{\lambda}{2}(n=0,1,2,\cdots)$ 处,电压幅度最大,电流幅度最小,称

为电压波腹点,电流波节点。该处的输入阻抗为纯电阻,值为 $R_{\max}=Z_0\rho$。

(2) 传输线上在 $z=\dfrac{\lambda}{4\pi}\varphi_L+(2n+1)\dfrac{\lambda}{4}(n=0,1,2,\cdots)$ 处,电压幅度最小,电流幅度最大,称为电压波节点,电流波腹点。该处的输入阻抗也为纯电阻,值为 $R_{\max}=Z_0/\rho$。

4.3.3 实验内容及步骤

4.3.3.1 实验内容

(1) 完成测量线实验装置的搭建;

(2) 验证:终端开路时,在终端负载处电压最大;终端短路时,在终端负载处电压最小;

(3) 测量并计算传输线在不同模式下的电压驻波比和波长;

(4) 掌握终端匹配的作用。

4.3.3.2 实验步骤

(1) 按如图 4-3-3 所示搭建实验装置。将微波测量线始端通过电缆连接至实验系统面板的射频输出端口 RF-out,也就是射频信号从系统输出,通过电缆进入测量线。测量线上端探针滑块上 N 型转接头通过高频电缆与实验系统面板右侧的射频输入 RF-in 端口连接。将开路负载连接至测量线末端,并将测量线探针滑块调整到轨道标尺 5 cm 处。

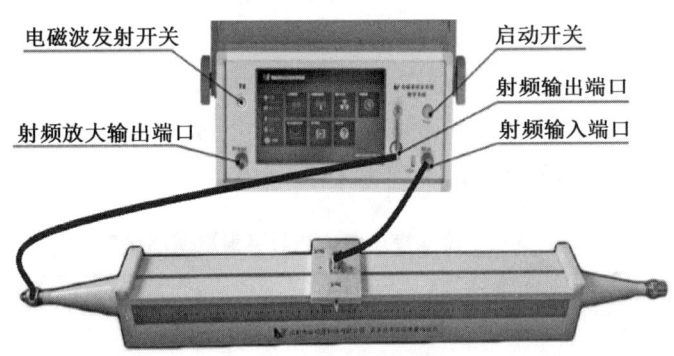

图 4-3-3 实验装置

(2) 终端接开路负载。进入"测量线实验"界面,进行参数设置。将发射频率设置为 1 000 MHz。设置探针的起始距离为 5 cm,与测量线探针滑块的位置同步,探针最大位置为 65 cm。设置探针的采样点距为 5 mm,也就是将测量线探针滑块每次移动的距离设置为 5 mm。负载状态为开路负载。

采集数据。获取探针在测量线 5 cm 处接收到的电场强度,实验界面会在直角坐标系 5 cm 处绘点。按照采样点距设置要求,将探针滑块从 5 cm 处移动至 5.5 cm 处。采集数据,获取探针在测量线 5.5 cm 处接收到的电场强度,实验界面会在直角坐标系 5.5 cm 处绘点并与 5 cm 处的点连线。以此类推,移动滑块并采集数据,直到滑块移动到探针最大位置 65 cm 处。将测量结果记录到表 4-3-1 中。根据波节点和波腹点的位置,计算出波长。

表 4-3-1　终端开路负载时测量数据结果表

实验次数	1	2	3
波腹位置 z_1			
波节位置 z_2			
$\Delta L = z_2 - z_1$			
自由空间波长 $\lambda = 4\Delta L$			
波长的平均值 $\lambda = (\lambda_1 + \lambda_1 + \lambda_1)/3$			

通过频率与波长的关系,计算出频率为 1 000 MHz 时,理论波长应为 30 cm。对比理论波长和实际波长,然后进行分析。

(3) 终端接短路负载。取下测量线末端的开路负载,安装上短路负载,并将测量线的探针滑块调整到测量线轨道标尺 5 cm 处。

进入"测量线实验"界面,进行参数设置。将实验界面中的负载状态设置为短路负载,采集数据。获取探针在测量线 5 cm 处接收到的电场强度,实验界面会在直角坐标系 5 cm 处绘点。按照采样点距设置要求,将探针滑块从 5 cm 处移动至 5.5 cm 处。采集数据,获取探针在测量线 5.5 cm 处接收到的电场强度,实验界面会在直角坐标系 5.5 cm 处绘点并与 5 cm 处的点连线。以此类推,移动滑块并采集数据,直到滑块移动到探针最大位置 65 cm 处。将测量结果记录到表 4-3-2 中。根据波节点和波腹点的位置,计算出波长。

分别观察开路负载状态和短路负载状态,图像中最大电压和最小电压,根据驻波比的定义,最大电压与最小电压的比值为电压驻波比。可以分别计算出这两种状态下的驻波比以及终端反射系数,将测量结果记录到表 4-3-3 中。

表 4-3-2　终端接短路负载时测量数据结果表

实验次数	1	2	3
波腹位置 z_1			
波节位置 z_2			
$\Delta L = z_2 - z_1$			
自由空间波长 $\lambda = 4\Delta L$			
波长的平均值 $\lambda = (\lambda_1 + \lambda_1 + \lambda_1)/3$			

表 4-3-3　接不同负载时测量数据结果表

负载类型	电压最大值 U_{max} / V	电压最小值 U_{min} / V	驻波比 $\rho = \dfrac{U_{max}}{U_{min}}$	反射系数 Γ
开路负载				
短路负载				
匹配负载				
任意负载				

(4) 终端接匹配负载。取下测量线末端的短路负载，安装上匹配负载，并将测量线的探针滑块调整到测量线轨道标尺 5 cm 处。在实验界面中将负载设置为匹配负载，采集数据。获取探针在测量线 5 cm 处接收到的电场强度，实验界面会在直角坐标系 5 cm 处绘点。按照采样点距设置要求，将探针滑块从 5 cm 处移动至 5.5 cm 处。采集数据，获取探针在测量线 5.5 cm 处接收到的电场强度，实验界面会在直角坐标系 5.5 cm 处绘点并与 5 cm 处的点连线。以此类推，移动滑块并采集数据，直到滑块移动到探针最大位置 65 cm 处。根据波节点和波腹点的位置，计算出波长。

观察开路负载、短路负载和匹配负载的状态，找到图像中最大电压和最小电压，最大电压与最小电压的比值为电压驻波比，将测量结果记录到表 4-3-4 中。

表 4-3-4　终端负载接匹配负载时测量数据结果表

实验次数	1	2	3
波腹位置 z_1			
波节位置 z_2			
$\Delta L = z_2 - z_1$			
自由空间波长 $\lambda = 4\Delta L$			
波长的平均值 $\lambda = (\lambda_1 + \lambda_1 + \lambda_1)/3$			

(5) 终端接任意负载。取下测量线末端的匹配负载，安装上任意负载，这里的任意负载选用的是振子天线。通过转接头和连接线将天线负载与测量线末端进行连接，同时将测量线探针滑块调整到测量线轨道标尺 5 cm 处。将实验界面中的负载设置为任意负载，采集数据。获取探针在测量线 5 cm 处接收到的电场强度，实验界面会在直角坐标系 5 cm 处绘点。按照采样点距设置要求，将探针滑块从 5 cm 处移动至 5.5 cm 处。采集数据，获取探针在测量线 5.5 cm 处接收到的电场强度，实验界面会在直角坐标系 5.5 cm 处绘点并与 5 cm 处的点连线。以此类推，移动滑块并采集数据，直到滑块移动到探针最大位置 65 cm 处。根据波节点和波腹点的位置，计算出波长。在图像中找到最大电压和最小电压，最大电压与最小电压的比值即为电压驻波比。

观察驻波状态、行波状态和行驻波状态，并进行对比分析，再将测量结果记录到表 4-3-5 中。

表 4-3-5　终端接任意负载时测量数据结果表

实验次数	1	2	3
波腹位置 z_1			
波节位置 z_2			
$\Delta L = z_2 - z_1$			
自由空间波长 $\lambda = 4\Delta L$			
波长的平均值 $\lambda = (\lambda_1 + \lambda_1 + \lambda_1)/3$			

4.3.4 实验注意事项

(1) 在微波测量线实验中,首先要注意区分开路负载、短路负载、匹配负载和任意负载等不同类型的负载,其次是连接负载时不要太用力,以免损坏微波测量线接口处的探针,最后是更换负载后注意实验界面负载类型的变换;

(2) 微波测量线上方开槽处的探针滑块容易滑动,在某个位置测量过程中需要用手按住;

(3) 在测量过程中,注意不要将头或手挡在测量线上方开槽处,以免影响测量结果;

(4) 滑块的探针很容易损坏,应注意保护;

(5) 测量过程中,要注意整个实验链路的连接,特别是输出部分的连接。

4.3.5 实验报告

实验报告三　微波测量线实验报告

姓名：　　　　　　　学号：　　　　　　　专业：

同组人员：　　　　　实验地点：　　　　　实验时间：

仪器编号：　　　　　指导教师：　　　　　成绩：

实验目的：

实验原理：

实验步骤：

实验数据及分析：

4.4 天线方向图测量实验

4.4.1 实验目的

(1) 加深理解天线辐射原理；
(2) 掌握天线的方向特性；
(3) 理解二维平面方向图中的 E 面和 H 面；
(4) 绘制天线方向图；
(5) 测量半功率波瓣宽度。

4.4.2 实验原理

天线辐射方向图简称天线方向图，是方向函数 $f(\theta,\varphi)$ 的图示，指在离天线一定距离处，辐射场的相对场强（即归一化场强）的大小随方向变化的曲线图，一般是三维的立体方向图。在高频天线中，通常采用与场矢量相平行的两个主平面，即 E 平面，也就是电场矢量所在的平面；H 平面，也就是磁场矢量所在的平面。如图 4-4-1 所示，为沿 z 轴放置的电基本振子以及垂直于 z 轴放置的磁基本振子的 E 平面和 H 平面方向图。

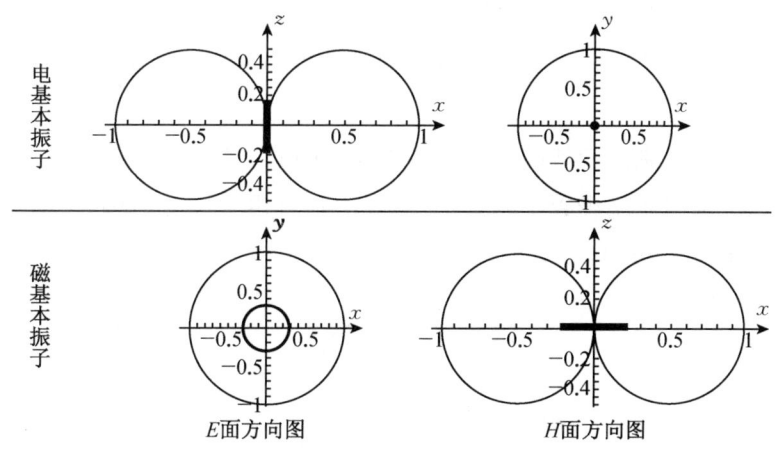

图 4-4-1　电基本振子和磁基本振子的 E 面和 H 面方向图

通过研究天线方向图，可明确把握天线的辐射特性。天线的辐射特性包括天线的方向图、增益、极化、相位等。为了达到最佳的通信效果，要求天线必须具备一定的方向性、较高的转换效率，以及满足系统工作的频带宽度。

如果天线没有方向性，对发射天线来说，它所辐射的功率中只有很少一部分到达所需要的方向，大部分功率浪费在不需要的方向上；对接收天线来说，在接收到所需要的信号同时，还会接收到来自其他方向的干扰和噪声，甚至使信号完全淹没在干扰和噪声中。

因此，一副好的天线，在有效地辐射或接收无线电波的同时，还应该具有为完成某种任务而要求的方向特性。天线所辐射的无线电波能量在空间方向上的分布，通常是不均匀的，这就是天线的方向性。即使最简单的天线也有方向性，完全没有方向性的天线实际上不存在。

实际应用中，我们最关心的是天线辐射能量的空间分布，在没有特别指明的情况下，辐射方向图一般均指功率通量密度的空间分布。方向图还可以用分贝(dB)表示，功率方向图用分贝表示后就称为分贝方向图，它表示某方向的功率通量密度相对于最大值下降的分贝数。

绘制方向图可以采用极坐标，也可以采用直角坐标。极坐标方向图形象、直观，但对于方向性强的天线难以精确表示；直角坐标方向图虽然没有极坐标方向图形象、直观，但更容易从中计算出描述天线方向性的诸多参数。

天线的方向图呈现花瓣状，其最大辐射方向所在的瓣称为主瓣，也就是辐射最强的瓣；其余的瓣称为副瓣或旁瓣，副瓣中最大的为第一副瓣。主瓣有宽有窄，可以用主瓣宽度定义其宽度，表示电磁能量辐射的集中程度，分为半功率波瓣宽度和零功率波瓣宽度。

半功率波瓣宽度：是指在主瓣最大值两侧，功率密度下降一半(场强下降$\sqrt{2}/2$)的两个方向之间的夹角，记为 $BW_{0.5}$ 或 $2\theta_{0.5}$。

零功率波瓣宽度：是指在主瓣最大值两侧两个零辐射方向之间的夹角，记为 BW_0 或 $2\theta_0$。

副瓣宽度：指第一副瓣两侧两个零辐射方向之间的夹角。

副瓣电平：一般希望副瓣越小越好，为了表示副瓣相对强度，我们用第一副瓣电平表示，记为 FSLL，通常用分贝表示，即

$$\text{FSLL} = 10 \lg\left(\frac{S_{av2}}{S_{av1}}\right) \tag{4-4-1}$$

式中，S_{av1} 和 S_{av2} 分别为第一副瓣和主瓣的功率密度最大值。

天线的方向图测试系统框图如图 4-4-3 所示。其中，辅助天线作发射天线，由功率信号发生器激励产生电磁波；被测天线作接收天线，将被测天线置于可以水平旋转的实验支架上，接收到的高频信号经检波后送给综合实验系统主机显示。

半波对称振子天线又称半波振子天线，是对称天线的一种最简单的模式。对称天线(或称对称振子)可以看成是由一段末端开路的双线传输线形成的，又称为偶极子天线。而半波振子天线是对称天线中应用最为广泛的一种天线，它具有结构简单和馈电方便等优点。

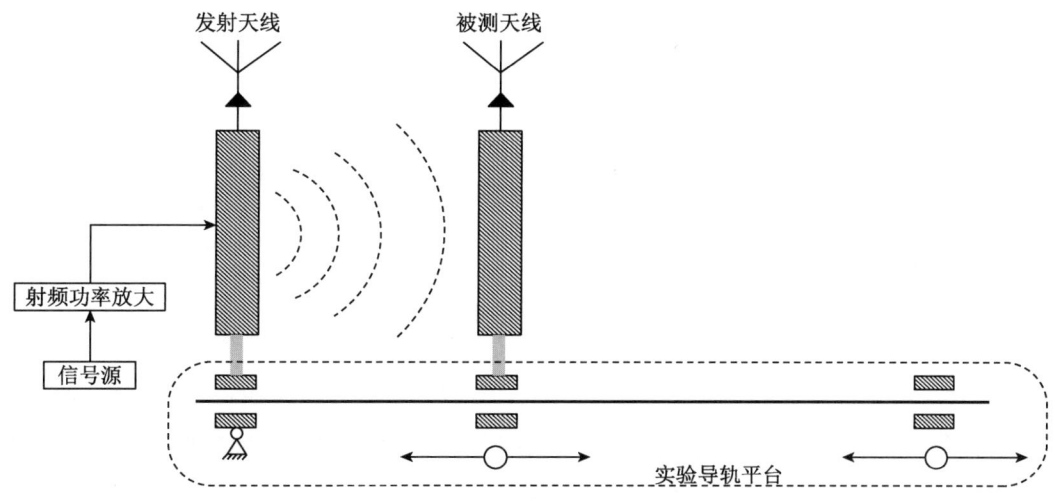

图 4-4-3 天线方向图测试系统

半波振子天线因其一臂长度为 λ/4,全长为半波长而得名,半波振子天线的远区场强有以下关系式:

$$|E| = \frac{60 I_m}{r} \frac{\cos\left(\frac{\pi}{2}\cos\theta\right)}{\sin\theta} = \frac{60 I_m}{r} f(\theta) \qquad (4\text{-}4\text{-}2)$$

其中,I_m 是驻波电流的波腹电流,r 为半波振子天线中心点到远区观察点的距离,$f(\theta)$ 为方向函数。

归一化方向函数为:

$$F(\theta) = \frac{|f(\theta)|}{f_{\max}} = \left|\frac{\cos\left(\frac{\pi}{2}\cos\theta\right)}{\sin(\theta)}\right| \qquad (4\text{-}4\text{-}4)$$

其中,$f_{\max}$ 是 $f(\theta)$ 的最大值。半波振子天线的二维方向图,如图 4-4-4 所示。

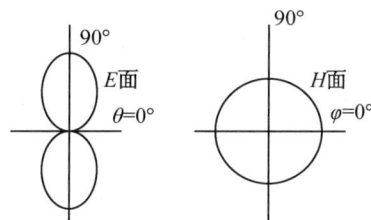

图 4-4-4 半波振子天线的二维方向图

半波振子天线的方向函数与 φ 无关,在 H 面上的方向图是以振子为中心的一个圆,即全方向性的方向图。在 E 面的方向图为 8 字形,最大辐射方向为 $\theta = \pi/2$,且只要一臂长度不超过 0.625λ,辐射的最大值始终在 $\theta = \pi/2$ 方向上;若继续增大 L,辐射的最大方向将偏离 $\theta = \pi/2$ 方向。

4.4.3 实验内容及步骤

4.4.3.1 实验内容

(1) 完成天线方向图测量实验装置的搭建;
(2) 完成电磁波振子感应器的方向图测量;
(3) 完成振子接收天线的 E 面和 H 面方向图测量;
(4) 完成 E 面和 H 面半功率波瓣宽度的测量。

4.4.3.2 实验步骤

(1) 按图 4-4-3 所示搭建实验装置。将四极化天线架入四极化天线支撑杆,保持四极化天线辐射面与导轨方向相同,然后旋紧四极化天线固定螺钉,并检查四极化天线 B、C、D 端口是否都已连接匹配负载。

(2) 完成振子感应器的方向图测量。将振子感应器垂直放置在俯仰角云台的云台支臂连接块上,保持感应器与四极化天线平行,均垂直于导轨,将云台移动至导轨上的 20 cm 刻度处。将高频电缆的一端与四极化天线 A 端口连接,另一端通过 N 型转接头与实验面板左侧 RFA-out 接口连接。也就是射频信号从综合实验系统输出,通过电缆进入四极化天线发射电磁波。振子感应器作为接收天线。按下系统面板左侧的电磁波发射开关并保持按下状态,发射电磁波,同时旋转振子感应器所在处的垂直方向圆盘,观察感应器中灯泡的明暗变化,沿垂直方向顺时针旋转 360°。然后再旋转水平方向圆盘,观察感应器中灯泡的明暗变化,沿水平方向顺时针旋转 360°。

(3) 更换为振子接收天线测量。将振子感应器替换为振子接收天线,垂直放置在俯仰角云台的云台支臂连接块上,并固定好振子接收天线。数据接收电缆 SMA 接口端通过 N 型转接头连接实验系统面板右下侧 RF-in 接口,也就是数据接收电缆将接收天线接收到的数据输入实验系统。将云台移动至导轨上的 30 cm 刻度处。

H 面方向图测量实验。进入"天线实验"界面。进行参数设置,将发射频率设置为 900 MHz。采样点距设置为 5°,也就是将云台转盘每次旋转的角度设置为 5°。设置极化类型,选择极化方式,将极化模式与四极化天线发射极化形式进行对应。在"方向图"选项里选择"H 面",保持极坐标系不变,如图 4-4-5 所示。

设置完毕后,按下实验面板上的发射开关并保持按下状态,点击实验界面上的"采集"按钮,获取接收天线接收到的电场强度,实验界面会在极坐标 0°处绘制圆点,距离圆心的距离越远代表接收到的电场强度越强。按照"采样点距"设置要求,转动云台金属转盘将天线旋转 5°,按下发射开关,采集数据,获取天线偏离 5°时,接收到的电场强度,实验界面会在极坐标系 5°处绘点并与 0°处的点连线。重复这样的步骤,将天线旋转 360°。根据角度和电压值,将测量数据记录在表 4-4-1 中。

E 面方向图测量实验。在方向图选项里选择"E 面",保持极坐标系不变。设置完毕后,按下实验面板上的发射开关,点击实验界面上的"采集"按钮,获取接收天线接收到的

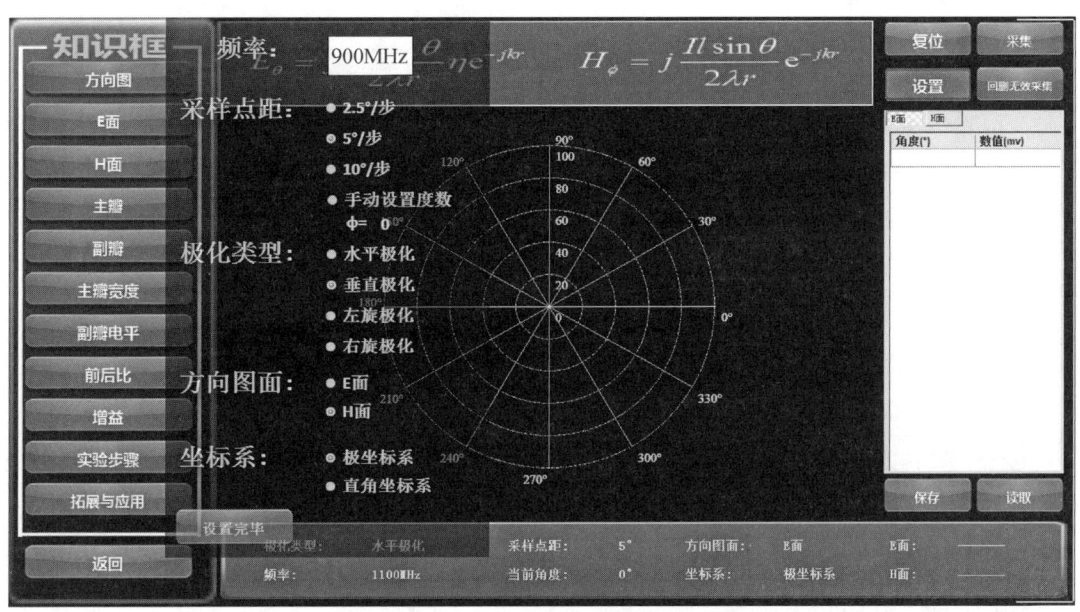

图 4-4-5 天线方向图测量的参数设置

电场强度,实验界面会在极坐标 0°处绘制圆点,距离圆心的距离越远代表接收到的电场强度越强。按照"采样点距"设置要求,云台非金属转盘(俯仰角)将天线从与导轨平行旋转 5°到偏离水平方向 5°。按下"发射"开关,采集数据,获取天线偏离 5°时接收到的电场强度,实验界面会在极坐标系 5°处绘点并与 0°处的点连线。重复这样的步骤,将天线旋转 360°。根据角度和电压值,将测量数据记录在表 4-4-2 中。

(4) 从两张表中找到最大电压值作为基准值。计算其他角度电压与基准值的比值,并填入表中。按照比值的方式,将 E 面和 H 面数据画入图 4-4-6 中。

(5) 根据半功率波瓣宽度的定义,在 E 面方向图中的主瓣最大值两侧,测量场强下降 0.707 时两个方向之间的夹角,记为 $BW_{0.5E}$。

表 4-4-1 H 面测量数据表

频率/GHz: 　　　　　　　　　　　　　　　　基准电压/mV:

云台角度	0°	5°	10°	15°	20°	25°	30°	35°	40°
电压/mV									
电压与基准电压比值									
云台角度	45°	50°	55°	60°	65°	70°	75°	80°	85°
电压/mV									
电压与基准电压比值									
云台角度	90°	95°	100°	105°	110°	115°	120°	125°	130°
电压/mV									
电压与基准电压比值									

(续表)

云台角度	135°	140°	145°	150°	155°	160°	165°	170°	175°
电压/mV									
电压与基准电压比值									
云台角度	180°	185°	190°	195°	200°	205°	210°	215°	220°
电压/mV									
电压与基准电压比值									
云台角度	225°	230°	235°	240°	245°	250°	255°	260°	265°
电压/mV									
电压与基准电压比值									
云台角度	270°	275°	280°	285°	290°	295°	300°	305°	310°
电压/mV									
电压与基准电压比值									
云台角度	315°	320°	325°	330°	335°	340°	345°	350°	355°
电压/mV									
电压与基准电压比值									

表 4-4-2　E 面测量数据表

频率/GHz：　　　　　　　　　　　　基准电压/mV：

云台角度	0°	5°	10°	15°	20°	25°	30°	35°	40°
电压/mV									
电压与基准电压比值									
云台角度	45°	50°	55°	60°	65°	70°	75°	80°	85°
电压/mV									
电压与基准电压比值									
云台角度	90°	95°	100°	105°	110°	115°	120°	125°	130°
电压/mV									
电压与基准电压比值									
云台角度	135°	140°	145°	150°	155°	160°	165°	170°	175°
电压/mV									
电压与基准电压比值									
云台角度	180°	185°	190°	195°	200°	205°	210°	215°	220°
电压/mV									
电压与基准电压比值									

(续表)

云台角度	225°	230°	235°	240°	245°	250°	255°	260°	265°
电压/mV									
电压与基准电压比值									
云台角度	270°	275°	280°	285°	290°	295°	300°	305°	310°
电压/mV									
电压与基准电压比值									
云台角度	315°	320°	325°	330°	335°	340°	345°	350°	355°
电压/mV									
电压与基准电压比值									

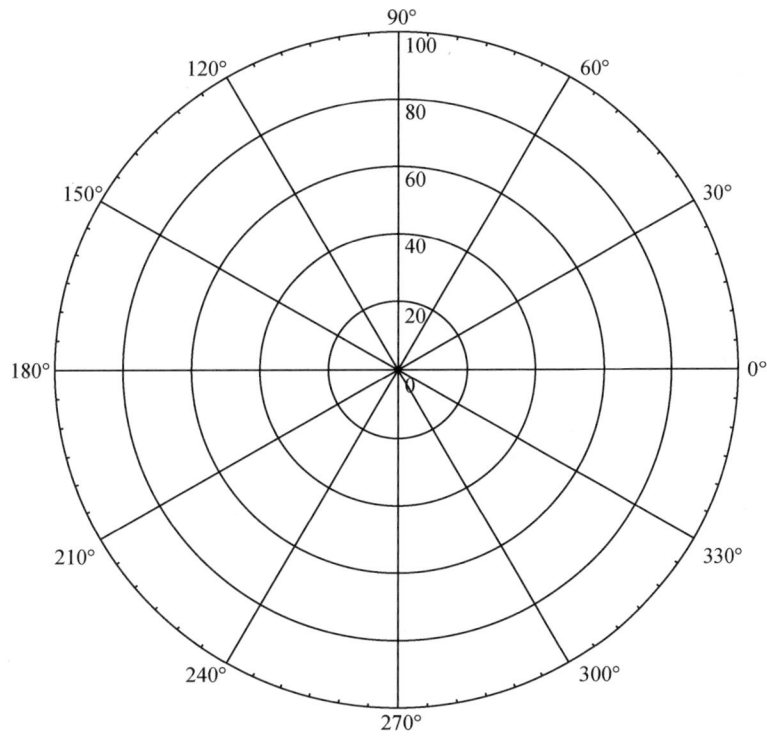

图 4-4-6 E 面、H 面极坐标图

4.4.4 实验注意事项

（1）天线方向图测量实验中，首先要注意区分 E 面方向图和 H 面方向图，然后区分云台上垂直面和水平面的旋转；

（2）振子接收天线上需要连接电缆，进行数据采集，注意不要忘记将电缆线连接到系统面板上的信号输入端；

（3）数据采集过程中,需要长按电磁波发射开关,否则数据容易跳变;

（4）在方向图测量过程中,不要将头或手挡在发射天线和接收天线之间;

（5）作为发射天线的四极化天线,一定要固定好,不要晃动,否则会造成数据接收误差,振子感应器和振子接收天线一定要与发射天线极化匹配。

4.4.5 实验报告

实验报告四　天线方向图测量实验报告

姓名：　　　　　　　　学号：　　　　　　　　专业：

同组人员：　　　　　　实验地点：　　　　　　实验时间：

仪器编号：　　　　　　指导教师：　　　　　　成绩：

实验目的：

实验原理：

实验步骤：

实验数据及分析：

4.5 制作电磁波感应器实验

4.5.1 实验目的

(1) 理解电磁感应的原理和作用；
(2) 了解天线具有能量转换器的特性；
(3) 制作电磁波感应器和振子接收天线并测试其性能。

4.5.2 实验原理

时变的电场产生磁场，时变的磁场产生电场，时变的电磁扰动辐射电磁波。天线是辐射和接收电磁波的装置。用射频信号源作为发射源，通过发射天线向空间辐射电磁波。

如果将感应器置于电磁波中，感应器的导体上就能感生出高频电流，接收感应器离发射天线越近，电磁波功率越强，感应电动势越大。

如果将微小功率白炽灯泡接入感应器电路板合适的馈电点，使感应器电路板和白炽灯构成一个完整的感应器电路器件，如图 4-5-1 所示，将该电路器件置放于空间电磁波中，当感应器电路器件与空间电磁波参数（波长）匹配时，就能够耦合接收到空间电磁波能量，当耦合到的能量足够时，就可使白炽灯发光。感应器电路板与白炽灯、接收天线共同构成一个完整的电磁波感应器，如图 4-5-2 所示。

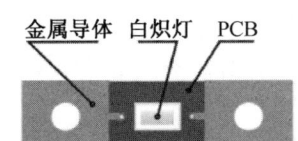

图 4-5-1 感应器电路器件

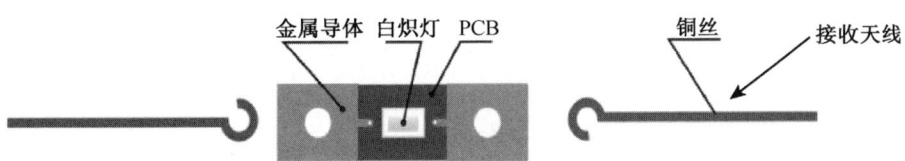

图 4-5-2 电磁波感应器

电磁感应装置的接收天线可采用多种形式，比如半波振子、环形、菱形和螺旋形等，如图 4-5-3 所示。以半波振子感应器为例进行说明。半波对称振子天线又称半波振子，是对称天线的一种最简单的模式，如图 4-5-4 所示。对称天线（或称对称振子）可以看成是由一段末端开路的双线传输线形成的，又称为偶极子天线，如图 4-5-5 所示。而半波天线是对称天线中应用最为广泛的一种天线，它具有结构简单和馈电方便等优点。

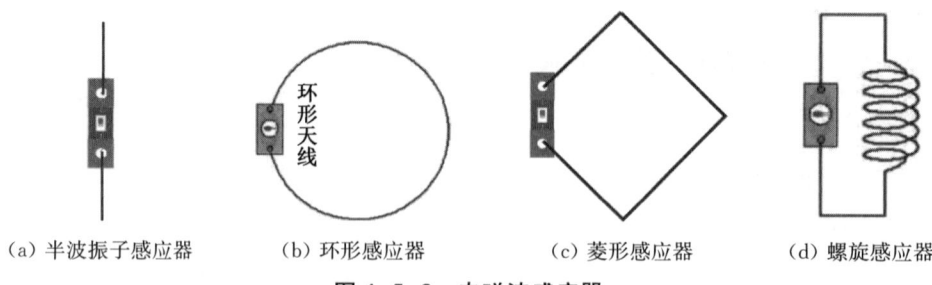

(a) 半波振子感应器　　(b) 环形感应器　　(c) 菱形感应器　　(d) 螺旋感应器

图 4-5-3　电磁波感应器

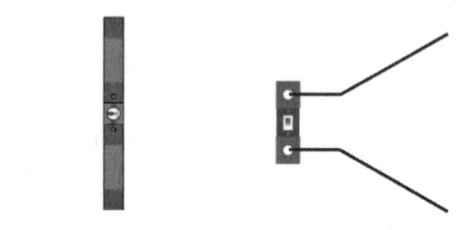

(a) 半波振子感应器　　(b) V形感应器

图 4-5-4　半波振子感应器

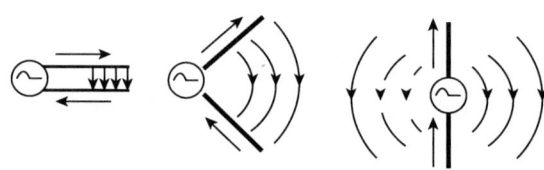

图 4-5-5　对称振子演变

半波振子因其一臂长度为 $\lambda/4$，全长为半波长而得名，半波振子的电流分布如图 4-5-5 所示，远区场的求解同对称振子一样，经过积分得到：

$$E_\theta = j\frac{60I_m e^{-j\beta r}}{r}\frac{\cos\left(\frac{\pi}{2}\cos\theta\right)}{\sin\theta} \tag{4-5-1}$$

方向函数：

$$F(\theta) = f(\theta) = \frac{\cos\left(\frac{\pi}{2}\cos\theta\right)}{\sin\theta} \tag{4-5-2}$$

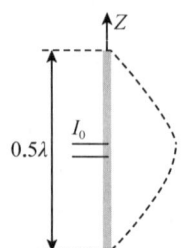

图 4-5-6　半波振子的电流分布

半波振子的方向图,如图 4-5-7 所示:

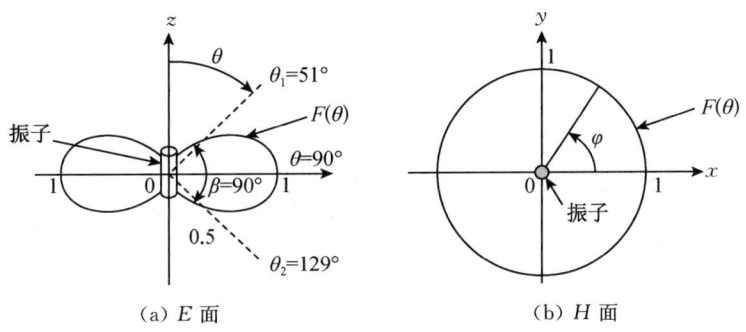

图 4-5-7　半波振子的方向图

半波振子方向函数与 φ 无关,在 H 面的方向图是以振子为中心的一个圆,即全方向性的方向图。在 E 面的方向图为 8 字形,最大辐射方向为 $\theta = \pi/2$,且只要一臂长度不超过 0.625λ,辐射的最大值始终在 $\theta = \pi/2$ 方向上;若继续增大 L,辐射的最大方向将偏离 $\theta = \pi/2$ 方向。半波振子的半功率波瓣宽度大概是 78°,比电流元(90°)要窄,说明其方向性更强。根据方向系数的定义,可以算出方向系数是 1.64,比电流元要大。

4.5.3　实验内容及步骤

4.5.3.1　实验内容

(1) 完成电磁波感应器实验装置的搭建;
(2) 制作电磁波感应器并测试其性能;
(3) 制作振子接收天线并测试其性能;
(4) 对比分析不同感应器和振子接收天线的性能。

4.5.3.2　实验步骤

(1) 搭建实验装置。将四极化天线架入四极化天线支撑杆,保持四极化天线辐射面与导轨方向相同,然后固定四极化天线,并检查四极化天线 B、C、D 端口是否都已连接匹配器。将 N 型转接头与面板左侧 RFA-out 接口连接,然后将蓝色高频电缆的一头与 N 型转接头连接,另一头与四极化天线 A 端口连接。单击实验主界面的"场强检测"按钮,如图 4-5-8 所示,进入"场强检测"界面。设置工作频率为 1 100 MHz。

(2) 制作感应器。

首先,计算天线臂长。根据工作频率计算半波振子感应器的天线臂长 l。

其次,制作感应器。拿出漆包线,用尖嘴钳截取两段长 l 的漆包线作为感应器接收天线的天线臂。用尖嘴钳钳口锋利处刮下漆包线一端的保护漆,让铜丝裸露出来。另一根漆包线也做同样处理。用尖嘴钳夹住裸露的铜丝部分,将其折弯,然后将其固定在感应器和云台连接块上,螺丝穿过铜丝和感应器旋入连接块,铜丝方向与感应器板长边平行。

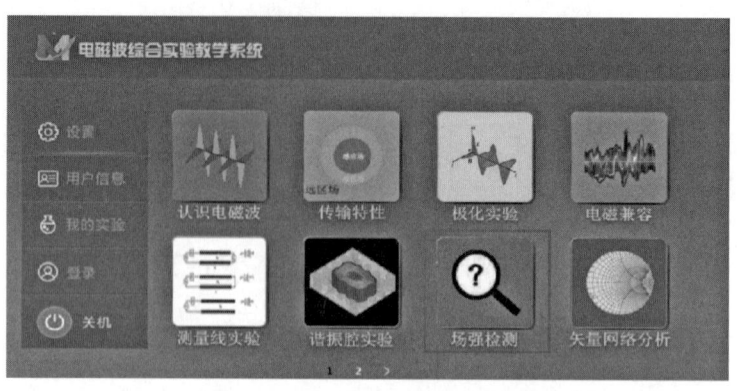

图 4-5-8　进入"场强检测"界面

再次,安装感应器。将制作好的感应器整体放入云台支臂里,保持感应器是竖直的,云台支臂与导轨平行,然后固定云台支臂,将云台移动至导轨上的 30 cm 刻度处。

最后,发射电磁波。按下"TX"按钮,并保持按下状态,将感应器电路板缓慢靠近或远离发射天线,观察电路板灯泡的亮度变化,直到灯泡发光或熄灭,记录灯泡刚好熄灭的位置,将数据填入表 4-5-1 中。分析为什么增加了振子之后,灯泡可以在更远的地方点亮。

图 4-5-9　电磁波感应器

(3) 制作其他形式的感应器。

首先,制作不同长度的感应器。拿出漆包线,用尖嘴钳钳口锋利处截取两段 12 cm 的漆包线作为接收天线的振子。制作新的感应器。将制作好的感应器整体放入俯仰角云台支臂中,保持振子感应器是竖直的,云台支臂与导轨平行,然后固定振子感应器,将云台移动至导轨上 30 cm 刻度处。保持按下"TX"按钮,将感应器电路板缓慢靠近或远离发射天线,观察电路板灯泡的亮度变化,直到灯泡发光或熄灭,并记录灯泡刚好熄灭的位置,将数据填入表 4-5-1 中。

表 4-5-1　电磁波感应器实验数据表

次数	天线形式	天线长度	灯泡熄灭位置/cm
1			
2			
3			
4			
5			

然后,制作不同形状的电磁波感应器。调整感应器的整体长度或者形态,将其装上云台后,还是将云台移动至 30 cm 位置。保持按下"TX"按钮,将感应器电路板缓慢靠近或

远离发射天线,观察电路板灯泡的亮度变化,直到灯泡刚好熄灭,记录灯泡熄灭的位置,将数据填入表 4-5-1 中。

最后,分析电磁波感应器的实验数据。找出你做出的在最远距离点亮的感应器,分析它与其他感应器有何不同。

(4) 将感应器替换为接收天线检波器。如图 4-5-10 所示,可以更精确地测量制作的天线。接收天线检波器和感应器形状一样,按照制作感应器的方式,用漆包线安装后形成新的振子接收天线。

图 4-5-10　接收天线检波器

首先,系统连接。将 N 型转接头与面板右下侧 RF-in 接口连接。将数据接收电缆 SMA 接口端与此 N 型转接头连接。将数据接收电缆与制作的接收天线连接。将制作的接收天线固定在云台连接块上,再将这一整体放入云台支臂里,保持制作的接收天线是竖直的,云台支臂与导轨平行,然后固定云台支臂,将云台移动至导轨上的 20 cm 刻度处。

其次,设置参数。进入"天线实验"界面,完成设置,其中工作频率设置为 900 MHz,极化匹配,保持按下"TX"按钮,采集接收天线场强数据,旋转导轨上的金属圆盘(水平面)和云台上的圆盘(垂直面),按照步进角度,旋转天线,采集数据,记录数据。将天线处于三个不同位置时(如 20 cm,30 cm,40 cm)采集数据,填入表 4-5-2 中。

然后,更换不同长度的漆包线,变为不同的接收天线。再将其固定在云台连接块上,并放入云台支臂。固定云台支臂,将云台移动至导轨上的 20 cm 刻度处。保持按下"TX"按钮,将接收天线检波器缓慢靠近发射天线,再远离发射天线,观察"场强检测"实验界面表盘读数以及指针偏转,然后进入"天线实验"界面,完成参数设置,旋转天线,采集数据,记录天线在三个不同位置处的数据,并将数据填入表 4-5-2 中。

表 4-5-2　振子接收天线实验数据表

次数	天线形式	天线长度/cm	20 cm 位置 1/mV	30 cm 位置 2/mV	40 cm 位置 3/mV
1					
2					
3					
4					
5					

最后,设计制作其他形状的天线并测试。重复上面过程,记录数据,并将数据填入表 4-5-2 中。找出最好的接收天线,分析它为什么优于其他接收天线。

4.5.4 实验注意事项

（1）搭建电磁波感应器制作实验装置时，发射天线、接收天线两者要相互平行，也即是垂直于导轨方向，并且固定在支撑杆上，不能晃动；

（2）发射天线与 RFA-out 端口连接后，需要发射电磁波时，一定要按下"TX"按钮，并保持按下状态，不用时，松开"TX"开关；

（3）在测量的过程中，不要将头或手挡在发射天线和接收天线之间，以免影响测量结果；

（4）振子感应器离发射天线的距离不能太近，以防感应器烧坏；

（5）在制作感应器和检波器的天线臂时，实际长度应该略短于理论计算出来的半波长长度的 5%；

（6）使用检波器时，一定要连接射频电缆至系统面板的射频输入端；

（7）使用铜丝制作天线臂，铜丝一定不能弯弯曲曲，要保持笔直状态；

（8）注意发射天线和接收天线之间要极化匹配。

4.5.5 实验报告

实验报告五　制作电磁波感应器实验报告

姓名：　　　　　　学号：　　　　　　专业：

同组人员：　　　　实验地点：　　　　实验时间：

仪器编号：　　　　指导教师：　　　　成绩：

实验目的：

实验原理：

实验步骤：

实验数据及分析：

4.6 线天线增益测量实验

4.6.1 实验目的

(1) 理解天线增益的定义;
(2) 理解弗利斯传输公式;
(3) 进行线天线增益测量;
(4) 计算线天线的增益。

4.6.2 实验原理

不同天线有不同的方向图。为了说明天线辐射集中的程度,引入了方向系数。方向系数的大小通常是以理想的点源天线作为比较的标准。而所谓的理想点源天线是没有方向性的,它在空间各方向的辐射强度相等,即它的方向图是一个球体。这种天线实际上并不存在。

天线的方向系数可定义为:在相同的辐射功率下,某天线产生于某点的电场强度的平方 E^2,与点源天线在同一点产生的电场强度的平方 E_0^2 的比值,通常以 $D(\theta,\varphi)$ 来表示,即

$$D(\theta,\varphi) = \frac{E^2(\theta,\varphi)}{E_0^2} \quad \text{(相同辐射功率)} \tag{4-6-1}$$

由于辐射功率是和电场强度的平方成正比的,所以天线方向系数的定义也可以这样来确定:在某点产生相等电场强度的条件下,点源天线的总辐射功率 P_0 与某天线的总辐射功率 P_T 的比值(倍数),称为该天线的方向系数,即

$$D(\theta,\varphi) = \frac{P_0}{P_T(\theta,\varphi)} \quad \text{(相同电场强度)} \tag{4-6-2}$$

根据以上定义,由于天线在各方向辐射的强度并不相同,天线的方向系数也随着观察点的位置而变化。在辐射电场最大的方向,方向系数最大。通常如果不特别指出,就是以天线在最大辐射方向的方向系数作为这一天线的方向系数。点源天线的方向系数为 1(或 0 dB),电偶极子的方向系数为 1.5(或 1.76 dB),半波天线的方向系数为 1.64(或 2.15 dB)。而一副强方向性天线的方向系数则可以达到数千倍以上。

输入天线的高频电流功率,并不是全部都转换为电磁波能量形式辐射到外部空间,而是有一部分功率在天线中损耗掉了,这种损耗的主要部分在天线系统中最终转化成了热能。为了描述损耗的大小,引入了天线效率参数。

天线的效率 η_A 定义为天线辐射功率与输入功率之比，即

$$\eta_A = \frac{P_T}{P_{in}} \tag{4-6-3}$$

式中，P_T 为天线辐射功率，P_{in} 为输入天线的功率。

无耗理想点源天线的效率是 100%，即辐射功率 P_{T0} 等于输入功率 P_{in0}。

方向系数是以辐射功率为基点，没有考虑天线的能量转换率。为了更完整地描述天线的特性，我们以天线输入功率为基点，将被测天线与点源天线作比较，于是，仿照方向系数所定义的量就叫做天线的功率增益（通常称为增益），即

$$G(\theta,\varphi) = \frac{E^2(\theta,\varphi)}{E_0^2} \quad \text{（相同输入功率）} \tag{4-6-4}$$

或

$$G(\theta,\varphi) = \frac{P_{0in}}{P_{in}(\theta,\varphi)} \quad \text{（相同电场强度）} \tag{4-6-5}$$

式中，P_{0in} 和 $P_{in}(\theta,\varphi)$ 分别是点源天线和被测天线的输入功率。

若需求得天线最大辐射方向的增益，则式(4-6-4)和(4-6-5)可写为

$$G_m = \frac{E_m^2}{E_0^2} \quad \text{（相同输入功率）} \tag{4-6-6}$$

$$= \frac{P_{0in}}{P_{inm}} \quad \text{（相同电场强度）}$$

将式(4-6-6)进行简单的换算，则有

$$G_m = \frac{P_{0in}}{P_{inm}} = \frac{P_{0in}}{P_{0T}} \cdot \frac{P_{0T}}{P_{mT}} \cdot \frac{P_{mT}}{P_{inm}} \tag{4-6-7}$$

$$= \eta_0 \cdot D_m \cdot \eta_A$$

式中，η_0 和 η_A 分别是点源天线和被测天线的效率。

令点源天线的效率 $\eta_0 = 1$，并因一般工程上的方向系数或增益均指最大辐射方向，于是式(4-6-7)就变为

$$G = \eta_A D \tag{4-6-8}$$

可见，天线的增益等于天线的效率与方向系数之积。如果天线效率为 100%，则天线的方向系数也就等于天线的增益。

为了完整地描述天线的特性，以天线输入功率为基点，将被测天线与点源天线做比较，定义了天线的增益参量。天线增益可以用下式表达

$$G(\theta,\varphi) = \frac{E^2(\theta,\varphi)}{E_0^2} \tag{4-6-9}$$

点源天线实际上难以实现,因此测量时,通常用半波天线作为比较标准,已知半波天线的理论增益为 1.64(2.15 dB),如果用感应电压作为测量比较参数,式(4-6-9)可以变为

$$G(\theta,\varphi) = 20\lg\frac{U(\theta,\varphi)}{U_{dMax}} + 2.15 \tag{4-6-10}$$

在通信线路设计时,经常采用弗利斯传输公式估算通信链路中的功率传输。弗利斯公式是在已知发射天线的输入功率、收/发天线的增益、通信距离的情况下,计算接收天线的接收功率。

假定发射天线的输入功率为 P_t,增益为 G_t,接收天线的增益为 G_r,通信两端的距离为 R,则弗利斯传输公式为

$$P_r = P_t \frac{G_t G_r \lambda^2}{(4\pi R)^2} \tag{4-6-11}$$

它表明:接收天线的接收功率与发射功率成正比,与收发天线增益的乘积成正比,与工作波长平方成正比,与收发天线距离平方成反比。

4.6.3 实验内容及步骤

4.6.3.1 实验内容

(1) 完成实验装置的搭建;

(2) 自制线天线并测试其增益;

(3) 对比分析不同形式线天线的增益。

4.6.3.2 实验步骤

(1) 搭建实验装置。将四极化天线架入四极化天线支撑杆,保持四极化天线辐射面与导轨方向相同,然后旋紧四极化天线固定螺钉,并检查四极化天线 B、C、D 端口是否都已连接匹配负载。将高频电缆的一端与四极化天线 A 端口连接,另一端通过 N 型转接头与实验面板左侧 RFA-out 接口连接。也就是射频信号从系统输出,通过电缆进入四极化天线发射。数据接收电缆 SMA 接口端通过 N 型转接头连接面板右下侧 RF-in 接口,即数据接收电缆将接收天线接收到的数据输入到实验系统。

(2) 进行参数设置。进入"天线实验"界面,将发射频率设置为 900 MHz,采样点距设置为 5°,也就是将云台转盘每次旋转的角度设置为 5°。设置极化类型,选择极化方式,将极化方式与四极化天线发射极化方式保持一致。保持极坐标系不变,如图 4-6-1 所示。

(3) 标准接收天线最大辐射值测试。

首先,安装接收天线。采用半波振子天线作为标准接收天线,将天线安装在云台支臂上,然后用云台支臂固定旋钮进行固定,将数据接收电缆扣子端与接收天线稳固连接,并且将云台移动至导轨上 30 cm 位置处。极化方式与参数设置的极化方式保持一致。

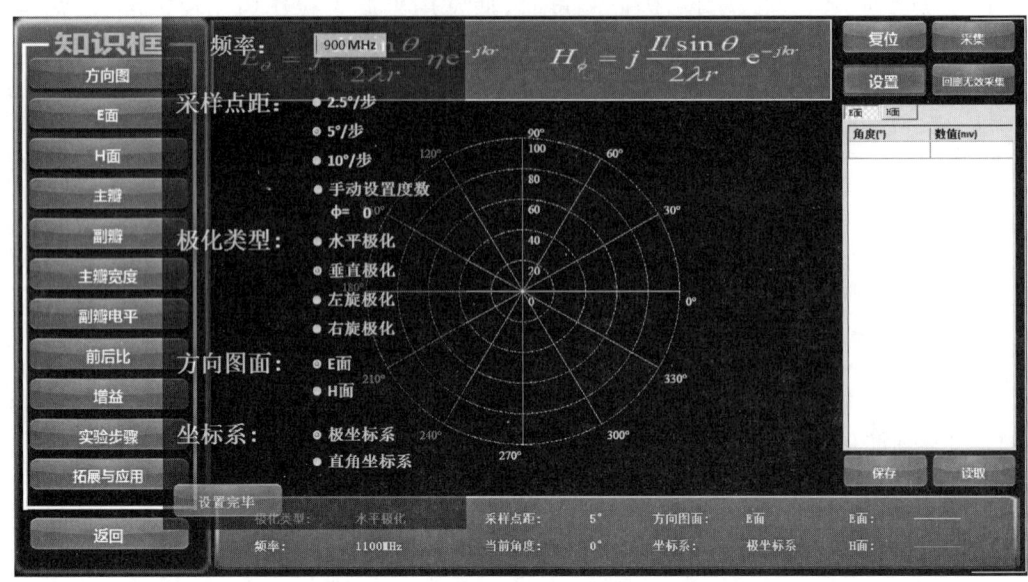

图 4-6-1　线天线增益测量参数设置

其次,发射电磁波。按下面板左侧的发射开关"TX"并保持按下状态。进入天线实验界面,点击实验界面上的"采集"按钮,采集振子接收天线接收到的电场强度,实验界面会在极坐标0°处绘制圆点,距离圆心越远代表接收到的电场强度越强。

然后,采集数据。松开按下的"TX"按钮,按照"采样点距"设置要求,用云台金属转盘将振子接收天线从与导轨平行旋转5°到偏离导轨方向5°。将旋转云台金属转盘的手移开,尽量保持在采第一个点时的环境状态,减少环境对实验的干扰。然后保持按下"TX"按钮的状态,点击实验界面上的"采集"按钮。获取振子接收天线偏离导轨方向5°时,振子接收天线接收到的电场强度,实验界面会在极坐标系5°处绘点并与0°处的点连线。

最后,找到最大接收值。将天线旋转360°后观察实验结果的图像,找到最大的读数作为比较标准。保持按下"TX"按钮的状态,同时调整接收天线的方向,寻找振子接收天线的最大接收值,直到读数为最大值并将数据填入表4-6-1中。

(4) 待测天线最大辐射值测试。

首先,制作电磁波接收天线。根据工作频率,计算工作波长和天线臂长 l。拿出漆包线,用尖嘴钳钳口锋利处截取两段同长度的漆包线作为接收天线的天线臂。用尖嘴钳钳口锋利处刮下漆包线一端的保护漆,让铜丝裸露出来。另一根漆包线也做同样处理。用尖嘴钳夹住铜丝裸露部分的同时,将其折弯,然后用螺丝将其固定在检波器和云台连接块上。螺丝穿过铜丝和接收天线旋入云台连接块,铜丝方向与接收天线检波器长边平行。注意将铜丝尽量多的裸露出来与金属导体进行接触。

其次,更换接收天线为自制天线(振子接收天线)。将标准接收天线从云台上卸下,然后将自制振子天线安装在云台连接块上。再将此整体安装到云台支臂上,保持振子接收天线处于竖直状态,然后用云台支臂固定旋钮固定,最后将云台移动至导轨上 30 cm 刻度处。左键点击实验界面上的"复位"按钮清除图像,极化方式与设置的极化方式一致。

然后,发射电磁波。保持按下面板左侧的发射开关"TX",采集振子接收天线接收到的电场强度,实验界面会在极坐标 0°处绘制圆点,距离圆心的距离越远代表接收到的电场强度越强。松开按下的"TX"按钮,按照"采样点距"设置要求,用云台金属转盘将振子接收天线从与导轨平行旋转 5°到偏离导轨方向 5°。将旋转云台金属转盘的手移开,尽量保持在采第一个点时的环境状态,减少环境对实验的干扰。然后保持按下"TX"按钮的状态,点击实验界面上的"采集"按钮,获取振子接收天线偏离导轨方向 5°时,振子接收天线接收到的电场强度,实验界面会在极坐标系 5°处绘点并与 0°处的点连线。天线旋转 360°后观察实验结果图像,找到最大的读数作为比较标准。在相同的收发距离处,保持按下"TX"按钮的状态,同时调整接收天线的方向,寻找振子接收天线的最大接收值,记录待测天线的最大值,将数据填入表 4-6-1 中。

最后,计算增益。根据公式计算自制天线的增益,将数据填入表 4-6-1 中。

(5) 改变接收天线形式并测量。改变振子接收天线的天线臂长度,重复上面的实验过程,寻找接收天线的最大接收值,记录待测天线的最大值,将数据填入表 4-6-1 中。改变接收天线的形状,重复上面的实验过程,寻找接收天线的最大接收值,记录待测天线的最大值,将数据填入表 4-6-1 中。对于不同形式的接收天线测量结果,进行对比分析。

(6) 根据弗里斯传输公式计算增益。

首先,安装天线。将四极化天线从天线支撑杆上取下,更换为标准振子接收天线作为发射天线,发射天线的功率为 P_t,增益为 G_t,将自制振子接收天线安装在云台支臂上作为接收天线,增益为 G_r,通信两端的距离为 R,设置其工作频率 f 为 900 MHz。

然后,发射电磁波,采集数据。进入"场强检测"实验界面,保持按下电磁波发射开关的同时调整接收天线的方向,寻找振子接收天线的最大接收值,并记录。

最后,计算增益。根据弗里斯传输公式,将发射功率、接收功率、发射天线增益、收发天线之间的距离、工作波长等代入,可以得到接收天线增益,与表 4-6-1 中的实验数据进行对比分析。

表 4-6-1 测量数据结果表

次数	天线形式	天线长度/cm	电压/mV	标准天线电压/mV	增益/dB
1					
2					
3					
⋮					

4.6.4 实验注意事项

(1) 搭建线天线增益测量实验装置，发射天线、接收天线两者要相互平行，也即是垂直于导轨方向，并且固定在支撑杆上，不能晃动；

(2) 发射天线与 RFA-out 端口连接后，需要发射电磁波时，一定要按下"TX"按钮，并保持按下状态，不用时，松开"TX"按钮；

(3) 在测量的过程中，不要将头或手挡在发射天线和接收天线之间，以免影响测量结果；

(4) 测量增益的过程中，保持在相同的收发距离处测量；

(5) 在制作检波器的天线臂时，实际长度应该略短于理论计算出来的半波长的 5%；

(6) 使用检波器时，一定要连接射频电缆至系统面板的射频输入端；

(7) 使用铜丝制作天线臂，铜丝一定不能弯弯曲曲，要保持笔直状态；

(8) 注意发射天线和接收天线之间要极化匹配。

4.6.5 实验报告

实验报告六　线天线增益测量实验报告

姓名：　　　　　　　学号：　　　　　　　专业：

同组人员：　　　　　实验地点：　　　　　实验时间：

仪器编号：　　　　　指导教师：　　　　　成绩：

实验目的：

实验原理：

实验步骤：

实验数据及分析：

4.7 喇叭天线测量实验

4.7.1 实验目的

(1) 理解喇叭天线方向图的意义；
(2) 理解喇叭天线的增益；
(3) 掌握喇叭天线方向图的测量方法；
(4) 掌握喇叭天线增益测量的原理和方法。

4.7.2 实验原理

喇叭天线是最简单的口径天线，它既可用作反射面天线或透镜天线的馈源、阵列天线的辐射单元，也可用作微波中继站和卫星上的独立天线，在天线测量中，被广泛用作标准增益天线。在 1 GHz 左右的微波波段中也常使用喇叭天线。喇叭天线的优点是具有较高的增益，较低的电压驻波比(VSWR)，宽工作频带，功率容量大，重量轻和易于制造等。还有一个特点是，喇叭天线的理论计算结果与实际值非常接近。

图 4-7-1 给出了三种基本类型的喇叭天线的几何结构图。这些喇叭天线都是由矩形波导扩张而成。

H 面扇形喇叭天线：由波导的宽壁(H-面)尺寸逐渐扩展而窄壁(E-面)尺寸保持不变形成的喇叭，如图 4-7-1(a)所示；E 面扇形喇叭天线：由波导的窄壁(E-面)尺寸逐渐扩展而宽壁(H-面)尺寸保持不变形成的喇叭，如图 4-7-1(b)所示；角锥形喇叭天线：波导的宽壁和窄壁尺寸均逐渐扩展形成，如图 4-7-1(c)所示。

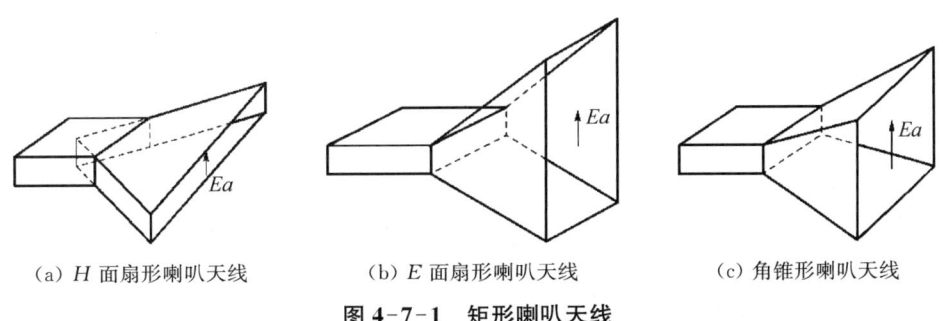

(a) H 面扇形喇叭天线　　(b) E 面扇形喇叭天线　　(c) 角锥形喇叭天线

图 4-7-1　矩形喇叭天线

喇叭天线的工作原理类似于日常所用的为声波提供方向性的声波喇叭筒。喇叭天线起着由波导模到自由空间模缓慢过渡的作用，缓慢过渡减弱了反射。由行波天线的分析得知，行波特性使天线能够获得低驻波比和宽频带特性。扇形喇叭的主要缺点是方向系数不高，而且主平面的波瓣很宽，所以最常用的矩形喇叭天线是角锥喇叭，如图 4-7-2 所示为其几何结构。它是由 H 面和 E 面均逐渐扩展而构成。这种形状的角锥喇叭在两个主平面均产生较窄的波瓣,因而形成笔状波瓣。将 H 面和 E 面扇形喇叭的结果相结合,得出角锥喇叭的口径场,进而得出其辐射场。如图 4-7-3 所示,为角锥喇叭的辐射场和辐射特性。

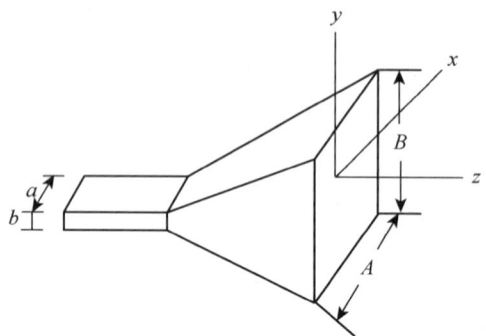

图 4-7-2　角锥喇叭天线的几何结构

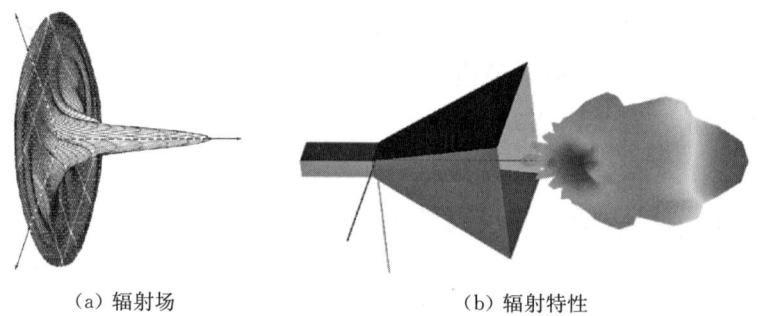

（a）辐射场　　　　　　　　　　（b）辐射特性

图 4-7-3　角锥喇叭的辐射场和辐射特性

角锥喇叭天线的主平面方向图与扇形喇叭的相同,角锥喇叭天线的 E 面方向图与扇形喇叭的 E 面方向图相同,H 面方向图与扇形喇叭的 H 面方向图相同,如图 4-7-4 所示。

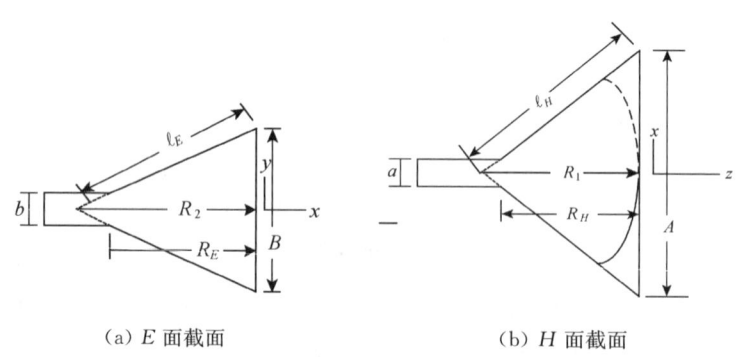

（a）E 面截面　　　　　　　　　（b）H 面截面

图 4-7-4　角锥喇叭天线 E 面和 H 面截面

角锥喇叭也有最优尺寸关系,喇叭长度与口径尺寸满足式(4-7-1)时被称作最优角锥喇叭。

$$A = \sqrt{3\lambda R_1} \qquad B = \sqrt{2\lambda R_2} \qquad (4-7-1)$$

最优角锥喇叭天线的增益为：

$$G = 0.51 \frac{4\pi}{\lambda^2} AB \qquad (4-7-2)$$

其中，A、B 分别为喇叭天线的长边和宽边。

最优角锥喇叭天线的半功率波瓣宽度为：

$$BW_{0.5E} \approx 0.94 \frac{\lambda}{B} = 54° \frac{\lambda}{B} \qquad BW_{0.5H} \approx 1.36 \frac{\lambda}{A} = 78° \frac{\lambda}{A} \qquad (4-7-3)$$

4.7.3 实验内容及步骤

4.7.3.1 实验内容

(1) 构建实验平台；

(2) 安装喇叭天线；

(3) 测量喇叭天线的方向图；

(4) 测量喇叭天线的增益。

4.7.3.2 实验步骤

(1) 搭建实验装置。

首先，安装发射天线。将喇叭天线架入发射天线支撑杆，保持发射天线辐射面与导轨方向相同，然后旋紧天线固定螺钉。将高频电缆的一端与发射天线端口连接，另一端通过 N 型转接头与实验面板左侧 RF-out 接口连接。也就是射频信号从系统输出，通过电缆进入喇叭天线发射。

然后，安装接收天线。将另一副喇叭天线放置在接收天线所在的云台上，保持喇叭天线辐射面与导轨方向相同，窄边垂直地面，宽边平行地面，然后旋紧固定螺钉，如图 4-7-5 所示。数据接收电缆 SMA 接口端一端连接喇叭天线，另一端通过 N 型转接头连接面板右下侧 RF-in 接口，也就是数据接收电缆将接收天线接收到的数据输入到系统。

最后，调整收发天线。调整发射天线和接收天线的高度，保持高度一致，将接收天线对准发射天线。收发天线之间的距离保持远一点，满足远场要求。

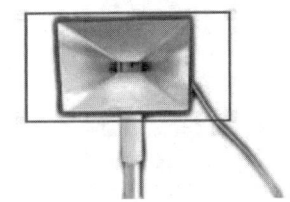

图 4-7-5 接收喇叭天线安装图

(2) 测量喇叭天线的 H 面方向图。

首先，设置参数。进入"天线实验"界面，将发射频率设置为 8 500 MHz，采样点距设置为 5°，也就是将云台转盘每次旋转的角度设置为 5°。坐标系保持极坐标系不变，将方向面设置为 H 面。

然后，采集数据，绘制曲线。将接收天线固定在云台上，再将云台移动至导轨上 30 cm 刻度处或更远位置，点击实验界面上的"采集"按钮，获取接收天线接收到的电场强度，实验界面会在极坐标 0°处绘制圆点，距离圆心的距离越远代表接收到的电场强度越强。将数据接收电缆接口与喇叭天线连接，窄边垂直地面，宽边平行地面。将旋转云台金属转盘的手移开，尽量保持在采第一个点时的环境状态，减少环境对实验的干扰。点击实验界面上的"采集"按钮。获取接收天线偏离导轨方向 5°时，接收天线接收到的电场强度，实验界面会在极坐标系 5°处绘点并与 0°处的点连线。按照"采样点距"设置要求，用云台金属转盘将喇叭天线从与导轨平行旋转 5°到偏离导轨方向 5°。根据以上步骤，将接收天线旋转 360°。

最后，记录数据，绘制方向图。将数据根据角度和电压值记录在表 4-7-1 中。从表中找到最大的电压值或比最大电压值大的整十位作为基准值。以基准值计算其他角度电压与基准值的比值，并将数据填入表 4-7-1 中。按照比值的方式将数据画入极坐标中。（也可全转换为 dB 值进行绘图）

(3) 喇叭天线的 E 面方向图测量。

首先，设置参数。进入"天线实验"界面，将发射频率设置为 8 500 MHz，采样点距设置为 5°，也就是将云台转盘每次旋转的角度设置为 5°。坐标系保持极坐标系不变，将方向面设置为 E 面。

然后，采集数据，绘制曲线。将喇叭天线与喇叭天线连接杆分离后，把喇叭天线旋转 90°用另一个接口和连接杆连接。原为宽边平行地面，窄边垂直地面，调整后为宽边垂直地面，窄边平行地面，如图 4-7-6 所示。相应的，发射天线也需调整 90°使其与喇叭天线极化匹配。点击实验界面上的"采集"按钮。获取接收天线接收到的电场强度，实验界面会在极坐标 0°处绘制圆点，距离圆心越远代表接收到的电场强度越强。按照"采样点距"

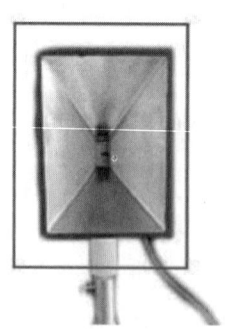

图 4-7-6 接收喇叭天线安装图

设置要求,用云台金属转盘将接收天线从与导轨平行旋转 5°到偏离导轨方向 5°。采集数据,获取接收天线偏离导轨方向 5°时,接收天线接收到的电场强度,实验界面会在极坐标系 5°处绘点并与 0°处的点连线。根据以上步骤,将接收天线旋转 360°。

最后,记录数据,绘制方向图。将数据根据角度和电压值记录在表 4-7-2 中。从表中找到最大的电压值或比最大电压值大的整十位作为基准值。以基准值计算其他角度电压与基准值的比值,并将数据填入表 4-7-2 中。按照比值的方式将数据画入极坐标中。(也可全转换为 dB 值进行绘图)

(4) 更换为 10 GHz 接收天线并将频率设置为 10 GHz 再次进行实验。

① 喇叭天线的 H 面方向图测量。

② 喇叭天线的 E 面方向图测量。

表 4-7-1 天线 H 面测量数据表

频率/GHz: 　　　　　　　　　　　　　　　　　　基准电压/mV:

云台角度	0°	5°	10°	15°	20°	25°	30°	35°	40°
电压/mV									
电压与基准电压比值									
云台角度	45°	50°	55°	60°	65°	70°	75°	80°	85°
电压/mV									
电压与基准电压比值									
云台角度	90°	95°	100°	105°	110°	115°	120°	125°	130°
电压/mV									
电压与基准电压比值									
云台角度	135°	140°	145°	150°	155°	160°	165°	170°	175°
电压/mV									
电压与基准电压比值									
云台角度	180°	185°	190°	195°	200°	205°	210°	215°	220°
电压/mV									
电压与基准电压比值									
云台角度	225°	230°	235°	240°	245°	250°	255°	260°	265°
电压/mV									
电压与基准电压比值									
云台角度	270°	275°	280°	285°	290°	295°	300°	305°	310°
电压/mV									
电压与基准电压比值									
云台角度	315°	320°	325°	330°	335°	340°	345°	350°	355°
电压/mV									
电压与基准电压比值									

表 4-4-2　天线 E 面测量数据表

频率/GHz：　　　　　　　　　　　　　　　基准电压/mV：

云台角度	0°	5°	10°	15°	20°	25°	30°	35°	40°
电压/mV									
电压与基准电压比值									
云台角度	45°	50°	55°	60°	65°	70°	75°	80°	85°
电压/mV									
电压与基准电压比值									
云台角度	90°	95°	100°	105°	110°	115°	120°	125°	130°
电压/mV									
电压与基准电压比值									
云台角度	135°	140°	145°	150°	155°	160°	165°	170°	175°
电压/mV									
电压与基准电压比值									
云台角度	180°	185°	190°	195°	200°	205°	210°	215°	220°
电压/mV									
电压与基准电压比值									
云台角度	225°	230°	235°	240°	245°	250°	255°	260°	265°
电压/mV									
电压与基准电压比值									
云台角度	270°	275°	280°	285°	290°	295°	300°	305°	310°
电压/mV									
电压与基准电压比值									
云台角度	315°	320°	325°	330°	335°	340°	345°	350°	355°
电压/mV									
电压与基准电压比值									

(5) 喇叭天线增益测量（弗利斯传输公式）。

首先，参数设置。进入"天线实验"界面，将发射频率设置为 8 500 MHz，采样点距设置为 5°，也就是将云台转盘每次旋转的角度设置为 5°。坐标系保持极坐标系不变，将方向面设置为 E 面。

其次，连接系统。将喇叭天线安装在发射天线连接杆上，调整为宽边垂直地面，窄边平行地面，旋转固定螺丝固定喇叭天线，将另一个喇叭天线安装在云台支臂上，宽边垂直地面，窄边平行地面，作为接收天线，旋转固定螺丝固定接收天线，保证发射天线与接收天线极化匹配。将发射天线置于导轨的最左端，移动接收天线至导轨上 50 cm 刻度处。发射天线将一个 N 型转接头与面板左侧 RF-out 接口连接。然后将蓝色高频电缆的一头与 N 型转接头连接,另一头与喇叭天线连接,也就是射频信号从系统输出,通过电缆进入喇叭天线发射。数据接收电缆 SMA 接口一端连接接收喇叭天线,另一端通过 N 型转接头连接面板右下侧 RF-in 接口,也就是数据接收电缆将接收天线接收到的数据输入到系统。

然后,采集数据。进入"场强检测"界面,调整接收天线的方向,寻找振子接收天线的最大接收值 P_r,并记录。

最后,计算增益。根据弗里斯传输公式,将发射功率 P_t(7 dBm)、接收功率 P_r(dBm)、发射天线增益 G_t、接收天线增益 G_r、收发天线之间的距离 R、工作波长 λ 等代入,可以得到喇叭天线增益 G。

测量喇叭天线口径面的长边 A 和窄边 B,代入式(4-7-2)中,得到喇叭天线增益的理论值,与测量值进行对比分析。

(6) 微带天线增益测量(比较法)。

首先,设置参数。进入"天线实验"界面,将发射频率设置为 8 500 MHz,采样点距设置为 5°,也就是将云台转盘每次旋转的角度设置为 5°。坐标系保持极坐标系不变,将方向面设置为 E 面。

其次,连接系统。将喇叭天线安装在发射天线连接杆上,调整为宽边垂直地面,窄边平行地面,旋转固定螺丝固定喇叭天线,将另一个喇叭天线安装在云台支臂上,宽边垂直地面,窄边平行地面,作为接收天线,旋转固定螺丝固定接收天线,保证发射天线与接收天线极化匹配。将发射天线置于导轨的最左端,移动接收天线至导轨上 50 cm 刻度处。发射天线将一个 N 型转接头与面板左侧 RF-out 接口连接。然后将蓝色高频电缆的一头与 N 型转接头连接,另一头与喇叭天线连接,也就是射频信号从系统输出,通过电缆进入喇叭天线发射。数据接收电缆 SMA 接口端一端连接接收喇叭天线,另一端通过 N 型转接头连接面板右下侧 RF-in 接口,也就是数据接收电缆将接收天线接收到的数据输入到系统。

然后,采集数据。进入"场强检测"界面,调整接收天线的方向,寻找振子接收天线的最大接收值 P_r,并记录。更换接收天线为微带天线阵,如图 4-7-7 所示,极化方式与发射天线匹配。数据接收电缆 SMA 接口端一端连接接收喇叭天线,另一端通过 N 型转接头连接面板右下侧 RF-in 接口,也就是数据接收电缆将接收天线接收到的数据输入到系

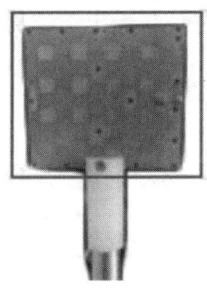

图 4-7-7 微带天线阵(8.5 GHz)安装图

统。再次进入"场强检测"界面,调整接收天线的方向,寻找振子接收天线的最大接收功率值 P'_r,并将数据记入表 4-7-3 中。

最后,计算增益。根据弗里斯传输公式,将发射功率 P_t(7 dBm)、接收功率 P_r(dBm)、发射天线增益 G、接收天线增益 G、收发天线之间的距离 R、工作波长 λ 等代入,可以得到喇叭天线增益 G(dB)。测量时,用喇叭天线作为比较标准,如果用功率作为测量比较参数,待测天线增益(dB)和喇叭天线增益 G(dB)之间的关系为

$$G' = 10\lg\frac{P'_r}{P_r} + G \tag{4-7-4}$$

将待测天线的增益与喇叭天线增益进行比较分析。

表 4-7-3 天线增益测量数据表

天线类型	接收功率/mW	增益/dB
喇叭天线		
微带天线阵		

4.7.4 实验注意事项

(1) 喇叭天线方向图测量实验中,首先要注意区分 E 面方向图和 H 面方向图;

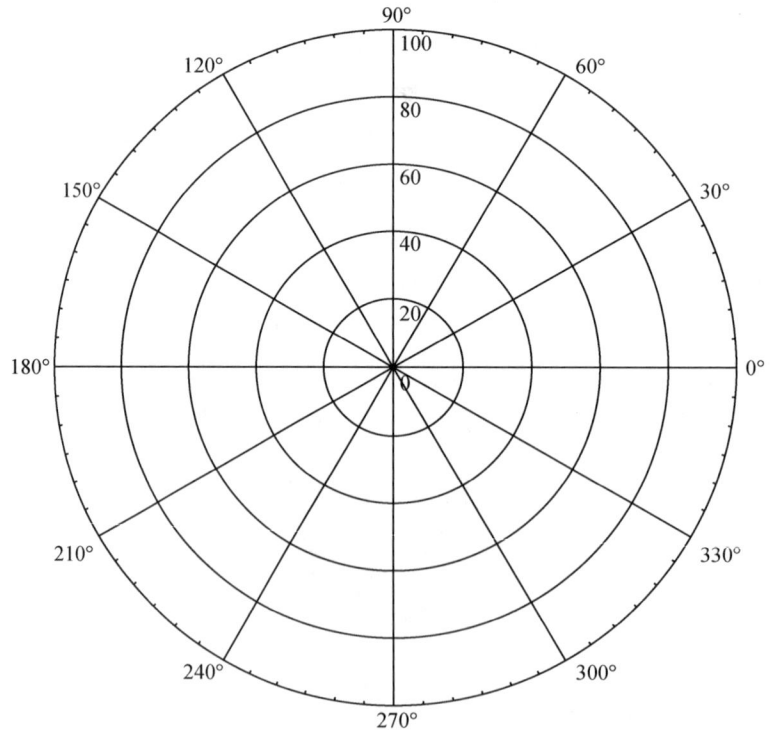

图 4-7-8 天线 H、E 面极坐标方向图

(2) 发射天线上需要连接电缆,进行数据采集,注意不要忘记将电缆线连接到系统面板上的信号输出端 RF-out;

(3) 数据采集过程中,不需要长按电磁波发射开关;

(4) 在测量过程中,不要将头或手挡在发射天线和接收天线之间;

(5) 测量过程中,注意发射天线与接收天线的极化匹配,特别注意区分微带天线阵的极化方式;

(6) 天线一定要固定好,不要晃动,否则会造成数据接收误差。

4.7.5 实验报告

实验报告七 喇叭天线测量实验报告

姓名: 　　　　　　　学号: 　　　　　　　专业:

同组人员: 　　　　　实验地点: 　　　　　实验时间:

仪器编号: 　　　　　指导教师: 　　　　　成绩:

实验目的:

实验原理:

实验步骤:

实验数据及分析:

4.8 引向天线制作实验

4.8.1 实验目的

（1）了解引向天线的结构特点；

（2）理解引向天线的工作原理；

（3）制作引向天线并测试其方向图；

（4）测量引向天线半功率波瓣宽度；

（5）比较法测量引向天线增益。

4.8.2 实验原理

天线阵可以增强天线的方向性。天线阵包括天线主体部分和馈电部分，通常天线主体的每个单元天线都通过馈电获得激励，如果只让部分单元天线甚至是1个单元与馈电相连，那么馈电部分将大大简化。这种类型的天线阵就是引向天线。

引向天线又名八木天线，是典型的定向天线，广泛应用于米波和分米波的通信、雷达、电视及无线电导航系统中。它由一个半波有源振子（主振子）、一个反射振子（稍长于半波长）和若干个引向振子（稍短于半波长）构成，如图4-8-1所示。有源振子通过馈线和信号源或接收机相连，反射振子和引向振子均为无源振子，无源振子的中点均为电流波腹点，这些振子的中点电压均为零，无源振子的中点均可直接固定在金属杆上而不至于在金属杆上激励起纵向电流。金属杆仅起机械支撑作用，对天线的性能影响很小。引向天线具有结构简单、牢固、造价低、方向性强、体积小的优点，其缺点是工作频带窄。

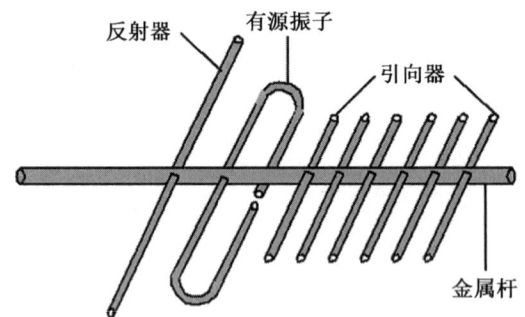

图4-8-1 引向天线结构示意图

当有源振子长度一定时，只要无源振子长度和间距选择适当，无源振子就可以起到引向器或反射器的作用。间距合适时，通常略短于有源振子的无源振子起引向作用，略长于有源振子的无源振子起反射作用。实际使用的引向天线多采用1个反射器和多个引向器，但当引向器个数由7个增加到8个时，天线增益仅增加0.2 dB，再增加引向器个数，则增益无明显变化。还会带来由于引向器个数过多，天线的带宽变窄，输入阻抗减少，馈线匹配困难的问题。

由天线阵理论，两个靠得很近，等幅反相的二元阵将会产生端射式辐射。通过加长寄生振子的长度，双向端射的波束可以变为接近单向端射的波束。反射振子比有源振子略长，沿着天线阵从反射振子到有源振子在端射方向可产生单一的主波束。引向振子略短于有源振子，沿着天线阵轴线方向从有源振子到引向振子方向加强主波束。同时使用反射器、引向器，与有源振子一起产生更强的单端波束，还可以取得更大的增益。

如图 4-8-2 所示为三单元的引向天线。元间距为 0.04λ，元因子为半波振子的方向图，根据方向图乘积原理，元因子乘以阵因子，得到天线阵的方向图。典型的引向器长度比谐振长度短 $10\%\sim20\%$，反射器长度比谐振长度长 $5\%\sim10\%$，反射器距离是 $0.15\lambda\sim0.25\lambda$，引向器到引向器的距离是 $0.2\lambda\sim0.35\lambda$。此时，引向器对感应信号呈容性，电流超前电压 $90°$；引向器感应的电磁波会向主振子辐射，辐射信号经过四分之一波长的路程使其滞后 $90°$，恰好抵消了前面引起的"超前"，两者相位相同，于是信号叠加，得到加强。反射器略长于二分之一波长，呈感性，电流滞后 $90°$，再加上辐射到主振子的过程中又滞后 $90°$，两者加起来刚好差 $180°$，起到了抵消作用。一个方向加强，一个方向削弱，便有了强方向性。发射状态作用过程亦然。最大辐射方向指向 $+z$ 轴，形成端射方向图。

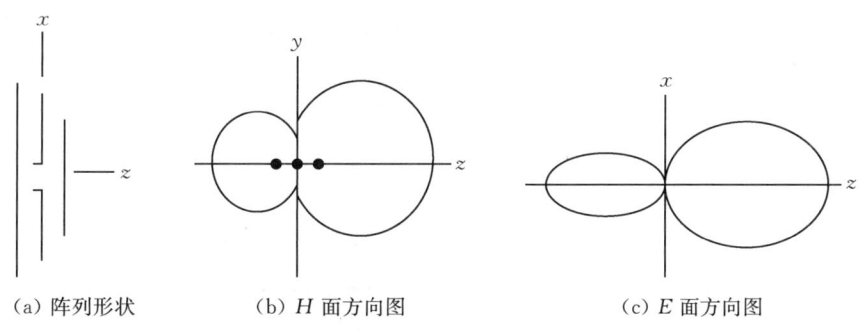

(a) 阵列形状　　(b) H 面方向图　　(c) E 面方向图

图 4-8-2　三元引向天线

工程上多用近似公式、曲线和经验数据来估算引向天线的半功率波瓣宽度，其经验公式为

$$2\theta_{0.5}=55°\sqrt{\frac{\lambda}{L}} \tag{4-8-1}$$

式中，L 为引向天线的长度，当 $L>2\lambda$ 后，半功率波瓣宽度随长度的增加下降得相当缓慢，因而引向天线的半功率波瓣宽度不可能做得非常窄。

一般引向天线的方向系数只有 10 左右，当要求更强的方向性时，仅仅增加引向器个数作用不大，若频率不是很高，则可采用将几副引向天线排列成天线阵的方法。引向天线的效率很高接近为 1，因而引向天线的增益就等于它的方向系数

$$G=\eta_A D\approx D \tag{4-8-2}$$

4.8.3 实验内容及步骤

4.8.3.1 实验内容

(1) 完成实验装置的搭建;

(2) 制作引向天线并测试,绘制其方向图;

(3) 测量半功率波瓣宽度和增益;

(4) 对比分析不同引向天线的性能。

4.8.3.2 实验步骤

(1) 搭建实验装置。将四极化天线架入四极化天线支撑杆,保持四极化天线辐射面与导轨方向相同,然后旋紧四极化天线固定螺钉,并检查四极化天线 B、C、D 端口是否都已连接匹配负载。将高频电缆的一端与四极化天线 A 端口连接,另一端通过 N 型转接头与实验面板左侧 RFA-out 接口连接。也就是射频信号从系统输出,通过电缆进入四极化天线发射。

(2) 制作二元引向天线并测量。

首先,制作有源振子。选定实验频率,然后按半波长缩短 5% 的长度制作有源振子,将有源振子和检波器作为接收天线,调整长度,使接收值最大,如图 4-8-3 所示。

其次,制作无源振子。按有源振子的实际长度,再增加 10% 的长度制作无源振子,作为反射器,长度还可以精确调整。反射器距离有源振子 $(0.1 \sim 0.5)\lambda$,用塑料尺连接件组合安装成带有反射器的二元引向天线,如图 4-8-4 所示。

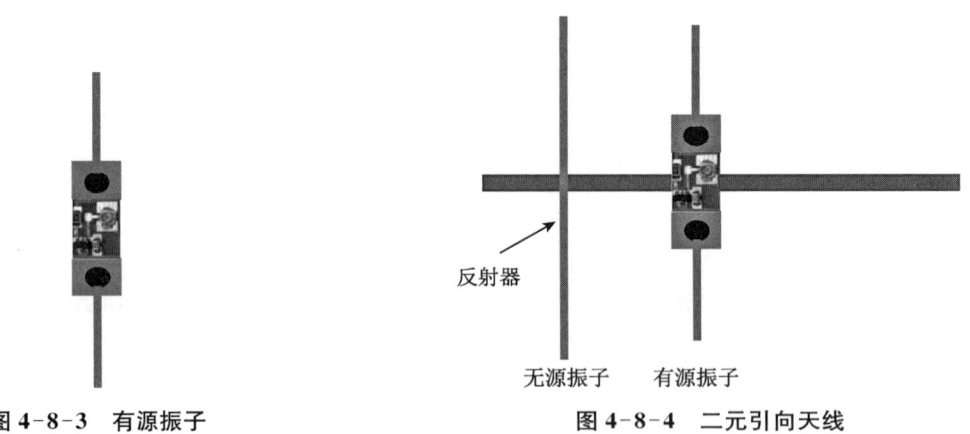

图 4-8-3　有源振子　　　　　　图 4-8-4　二元引向天线

再次,连接系统。将有源振子、无源振子固定在可调支撑杆上,并固定在云台连接块上。数据接收电缆 SMA 接口端通过 N 型转接头连接面板右下侧 RF-in 接口,也就是数据接收电缆将接收天线接收到的数据输入到系统。将制作好的二元引向天线安装在云台支臂上,保持反射器在有源振子之后,塑料尺方向与导轨平行,此时云台支臂与导轨垂直,然后固定云台支臂。将云台移动至导轨上 30 cm 刻度处或更远位置。二元引向天线的长振子指向短振子方向对准发射天线。

然后,设置参数。进入"天线实验"界面,单击频率设置文本框,在弹出的小键盘中输入频率,单击"OK"按钮,将采样点距设置为5°,将云台转盘每次旋转的角度设置为5°。极化类型选择垂直极化,将极化模式与四极化天线发射形式进行对应。坐标系保持极坐标系不变。

最后,采集数据,绘制图形。按下系统面板上的"TX"按钮,并保持按下状态,点击"采集"按钮,获取引向天线收到的电场强度,实验界面会在极坐标0°处绘制圆点,距离圆心的距离越远代表接收到的电场强度越强。松开按下的"TX"按钮,按照采样点距设置要求,用云台金属转盘将引向天线从与导轨平行旋转5°到偏离导轨方向5°。保持按下"TX"按钮的状态,点击"采集"按钮。获取引向天线偏离导轨方向5°时,引向天线接收到的强度,实验界面会在极坐标系5°处绘点并与0°处的点连线。松开按下的"TX"按钮,按照采样点距设置要求,用云台金属转盘将引向天线从与导轨平行旋转5°到偏离导轨方向10°。保持按下"TX"按钮的状态,点击"采集"按钮。获取引向天线偏离导轨方向10°时,引向天线接收到的强度,实验界面会在极坐标系10°处绘点并与5°处的点连线。重复以上步骤,将引向天线旋转360°。根据角度和电压值,将数据记录在表4-8-1中。从表中找到最大的电压值作为基准值。以基准值计算其他角度电压与基准值的比值,并将数据填入表4-8-1中。按照比值的方式将数据画入极坐标图4-8-6中,测量半功率波瓣宽度。

(3)制作三元引向天线并测量。

首先,制作引向器。在二元引向天线的基础上,增加一个引向器,长度比有源振子减少5%~10%。用塑料尺连接件将引向器安装在有源振子前面,形成三元引向天线,如图4-8-5所示。

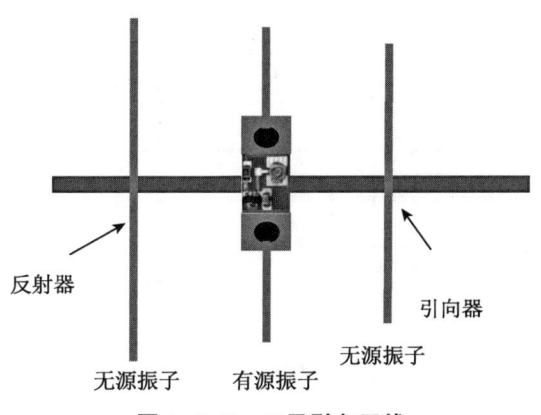

图4-8-5 三元引向天线

其次,根据二元引向天线测量方向图的步骤,测量三元引向器,将测得的数据填入表4-8-2中,按照比值(电压与基准电压比值)的方式将数据画入极坐标图4-8-6中,测量半功率波瓣宽度。

最后,改变三元引向天线中反射器和有源振子、有源振子和引向器的相对位置,再次进行实验。测量新的三元引向天线的方向图。

(4) 测量引向天线增益。将引向天线从接收天线云台上取下,更换标准振子接收天线作为接收天线,保持接收天线和发射天线之间的距离不变,连接电缆,发射电磁波,采集数据,寻找振子接收天线的最大接收值,记录待测天线的电压最大值 U_{dMax}。在表 4-8-1 中找到二元引向天线对准发射天线时,接收到的电压最大值 $U(\theta,\varphi)$,代入公式(4-8-3)中,计算得到二元引向天线的增益。

$$G(\theta,\varphi) = 20\lg \frac{U(\theta,\varphi)}{U_{dMax}} + 2.15 \tag{4-8-3}$$

同样的操作,测量得到三元引向天线的增益,并将数据填入表 4-8-3 中。

4.8.4 实验注意事项

(1) 在引向天线方向图测量实验中,首先要注意区分水平面方向图和垂直面方向图;

(2) 发射天线上需要连接电缆,进行数据采集,注意不要忘记将电缆线连接到系统面板上的信号输出端 RF-out;

(3) 数据采集过程中,需要长按电磁波发射开关;

(4) 在测量过程中,不要将头或手挡在发射天线和接收天线之间;

(5) 测量过程中,注意发射天线与接收天线的极化匹配,特别注意区分引向天线的极化方式和最大辐射方向;

(6) 天线一定要固定好,不要晃动,否则会造成数据接收误差。

表 4-8-1 二元引向天线水平面测量数据表

频率/GHz:　　　　　　　　　　　　　　基准电压/mV:

云台角度	0°	5°	10°	15°	20°	25°	30°	35°	40°
电压/mV									
电压与基准电压比值									
云台角度	45°	50°	55°	60°	65°	70°	75°	80°	85°
电压/mV									
电压与基准电压比值									
云台角度	90°	95°	100°	105°	110°	115°	120°	125°	130°
电压/mV									
电压与基准电压比值									
云台角度	135°	140°	145°	150°	155°	160°	165°	170°	175°
电压/mV									
电压与基准电压比值									

(续表)

云台角度	180°	185°	190°	195°	200°	205°	210°	215°	220°
电压/mV									
电压与基准电压比值									
云台角度	225°	230°	235°	240°	245°	250°	255°	260°	265°
电压/mV									
电压与基准电压比值									
云台角度	270°	275°	280°	285°	290°	295°	300°	305°	310°
电压/mV									
电压与基准电压比值									
云台角度	315°	320°	325°	330°	335°	340°	345°	350°	355°
电压/mV									
电压与基准电压比值									

表 4-8-2　三元引向天线水平面测量数据表

频率/GHz：　　　　　　　　　　　　　　　　基准电压/mV：

云台角度	0°	5°	10°	15°	20°	25°	30°	35°	40°
电压/mV									
电压与基准电压比值									
云台角度	45°	50°	55°	60°	65°	70°	75°	80°	85°
电压/mV									
电压与基准电压比值									
云台角度	90°	95°	100°	105°	110°	115°	120°	125°	130°
电压/mV									
电压与基准电压比值									
云台角度	135°	140°	145°	150°	155°	160°	165°	170°	175°
电压/mV									
电压与基准电压比值									
云台角度	180°	185°	190°	195°	200°	205°	210°	215°	220°
电压/mV									
电压与基准电压比值									
云台角度	225°	230°	235°	240°	245°	250°	255°	260°	265°
电压/mV									
电压与基准电压比值									

(续表)

云台角度	270°	275°	280°	285°	290°	295°	300°	305°	310°
电压/mV									
电压与基准电压比值									
云台角度	315°	320°	325°	330°	335°	340°	345°	350°	355°
电压/mV									
电压与基准电压比值									

表 4-8-3　引向天线增益测量数据表

天线类型	接收场强/mV	增益/dB
标准振子天线		
二元引向天线		
三元引向天线		

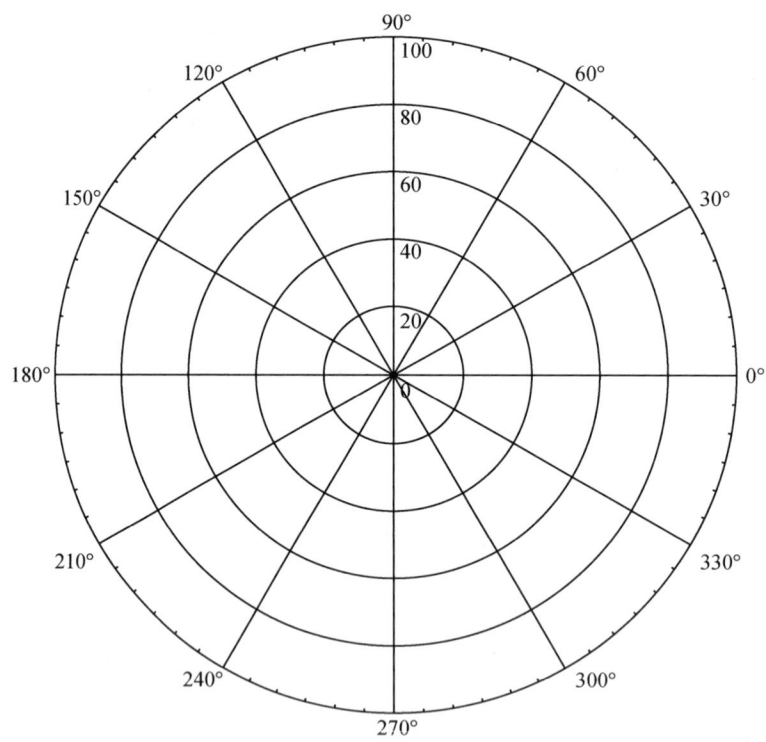

图 4-8-6　E 面、H 面极坐标图

4.8.5 实验报告

实验报告八　引向天线制作实验报告

姓名：　　　　　　　　学号：　　　　　　　　专业：

同组人员：　　　　　　实验地点：　　　　　　实验时间：

仪器编号：　　　　　　指导教师：　　　　　　成绩：

实验目的：

实验原理：

实验步骤：

实验数据及分析：

第 5 章

拓展实验

5.1 平面反射阵天线设计与卫星通信演示实验

5.1.1 实验目的

(1) 了解平面反射阵天线的概念;
(2) 理解平面反射阵天线的电磁特性;
(3) 能够对平面反射阵天线进行设计。

5.1.2 实验原理与设计

星载天线作为卫星接收和发送信号的核心器件,在卫星通信过程中起着至关重要的作用。传统卫星天线以抛物面天线和阵列天线为主。抛物面天线口径效率高、方向性强、覆盖的工作频段广,但存在着结构复杂、架设困难、加工麻烦、不易集成等缺陷;阵列天线易集成、灵活轻便,但馈电网络复杂、造成的损耗大、效率低、相关配件价格昂贵。平面反射阵天线结合二者的优势,是卫星通信天线的新选择。

5.1.2.1 平面反射阵列天线的原理

平面反射阵天线的空馈机制使其不会引入来自馈电的插损,然而馈源天线发出的电磁波到达阵面上时,由于传输路径距离的差异,导致每个单元所接收的电磁波有不同的空间相位延迟。因此,必须通过所设计的反射单元来补偿,以得到预期方向的反射波束。然后,再根据所需相位的补偿值,找到每个反射单元合适的结构参数,使其能够对入射波进行适当的相位补偿,让反射波在天线口径面上形成所需的同相位波。根据如上表述,如果想要得到平面反射阵列主波束方向为$\vec{r_0}$,则对阵列中第i个反射单元,如图5-1-1所示。需要调节的相位为:

$$\varphi_i = 2n\pi + k_0(R_i + r_i r_0), n = 0, 1, 2, \cdots \quad (5\text{-}1\text{-}1)$$

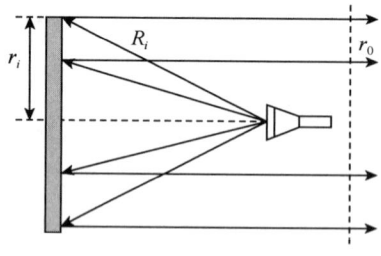

图 5-1-1 平面反射面原理图

当$n=0$以及平面反射阵列天线的主波束指向阵面的法向时,每个单元需要的相位补偿为:

$$\varphi = k \cdot \Delta d \quad (5\text{-}1\text{-}2)$$

其中，Δd 是相位中心到平面反射阵面上各个反射单元与平面反射阵面中心的光程差。

因为馈源相位中心到阵面各个反射单元的传输路径的距离不同，致使入射波到达各个反射单元的相位不一样。为了特定方向上的等相位面，必须依据反射单元的相位曲线，对各个反射单元进行相位补偿。为实现天线的高方向性，需要大的口径，然而口径越大，光程差越大，需要补偿的反射相位差就越大。例如，为了实现 1 个波长的光程差补偿，需要反射相位达到 360°。

5.1.2.2 馈源设计原理

对于反射阵天线而言，反射的电磁能量全部来源于馈源天线，因此馈源天线的性能也十分重要。对于一个反射阵列天线而言，馈源可以选择垂直于阵面中心的正馈入射方法和偏离阵面中心的偏馈入射方法。选择正馈入射的方法，可使反射阵面具有结构对称性，这有助于降低旁瓣电平和交叉极化。除了确定馈源天线的馈电方式外，馈源天线还应该满足以下要求：

(1) 合适的波束宽度。当反射阵面的口径大小确定以后，需要确定天线的焦径比（馈源的相位中心到阵面的垂直高度与阵面直径之比）。小的焦径比要求有较宽的波束以保证阵列边缘部分也能接收到能量，大的焦径比则要求有较窄的波束。

(2) 稳定的相位中心以保证到达阵面处为理想球面波。

(3) 馈源带宽需大于设计单元带宽。

5.1.2.3 平面反射单元设计

反射阵天线设计的核心部分是单元的设计，由于单元的移相机制主要是通过改变单元上某一个或者几个参数实现，因此需要提取参数对应的反射相移曲线，考虑到相邻单元之间的互耦影响，建模时需要将单元置于无限大阵列周期。这里基于 HFSS 高频仿真软件进行单元仿真设计。

通常基于主从边界法分析无限周期结构中单元的反射特性。将单元及其正上方空气层视为一矩形波导，上层设为 Floquet 端口激励入射平面波，左右两侧设为主从边界条件，前后两侧也设为主从边界条件，模拟出的平面周期结构如图 5-1-2 所示。主从边界条件强制要求从边界上每个点的电场以一个相位差与主边界上对应点的电场相匹配，Floquet 端口会产生两个相互垂直的 TE_{10} 和 TM_{10} 模电场激励，从而模拟反射单元在不同极化方向上的相移特性。

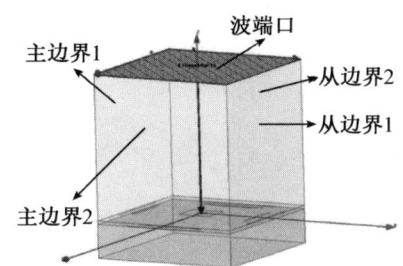

图 5-1-2 主从边界法分析单元模型示意图

首先采用微带矩形贴片天线作为阵列天线单元,如图 5-1-3 所示。在常见的方形微带天线的设计中,矩形贴片的尺寸通常可以由式(5-1-3)确定:

$$L = \frac{c}{2f\sqrt{\dfrac{2}{\varepsilon_r + 1}}} \quad (5\text{-}1\text{-}3)$$

其中,ε_r 是介质基片的介电常数。通过对单元的介质板高度进行优化后可知,优化介质板厚度为 $h=0.6$ mm 时,单元的移相能力相对最佳。为进一步获得平滑度较好的相移曲线,采用适当增加空气层的方式来优化。通过优化分析空气层的厚度,在原有的单元结构中加入厚度为 $t=0.4$ mm 的空气层,可以使相移曲线变得平滑,最优的相移曲线如图 5-1-3(c)所示,移相范围可达 300°。

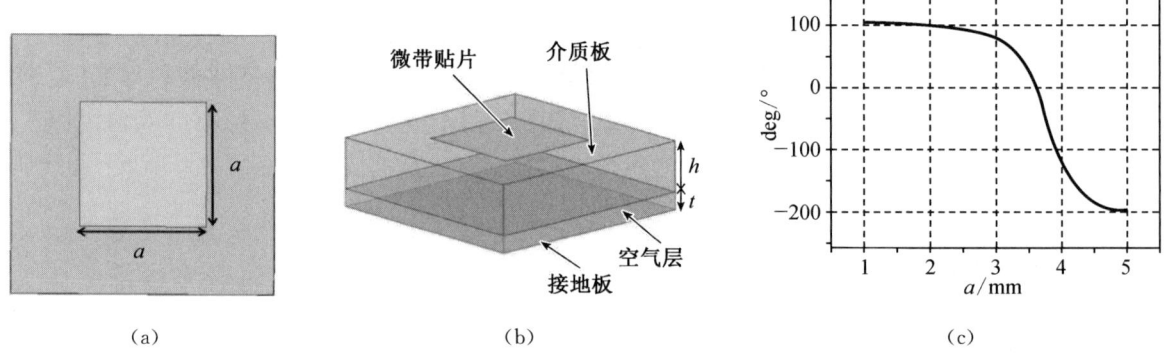

图 5-1-3 方形贴片反射阵单元结构图、单元相移曲线

单层方形贴片的移相范围有限,且实现圆极化可调参数较少。下面重点介绍"矩形+梯形+条带"复合结构。该单元的中心工作频率为 30 GHz,单元辐射贴片由中间的方形贴片、四周分布的梯形贴片和最外围的条带贴片组成。对该单元结构进行深入分析,并且加以改进,得到了四种单元结构:①单层反射阵单元,简称①单元;②最外围矩形贴片置于下层的双层反射阵单元,简称②单元;③沿 y 轴方向的贴片置于下层的双层反射阵单元,简称③单元;④加槽的双层反射阵单元,简称④单元;分别见图 5-1-4、图 5-1-5、图 5-1-6 和图 5-1-7。具体参数指标见表 5-1-1。

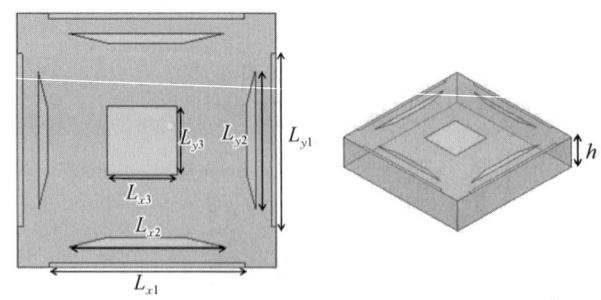

图 5-1-4 单层反射阵单元

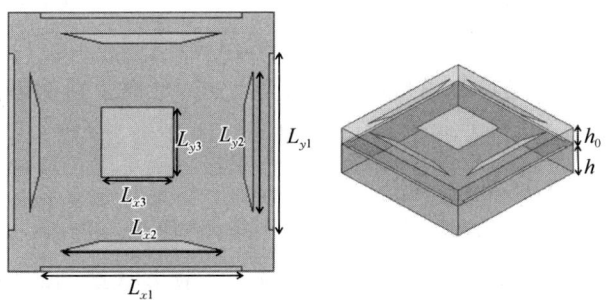

图 5-1-5　最外围矩形贴片置于下层的双层反射阵单元

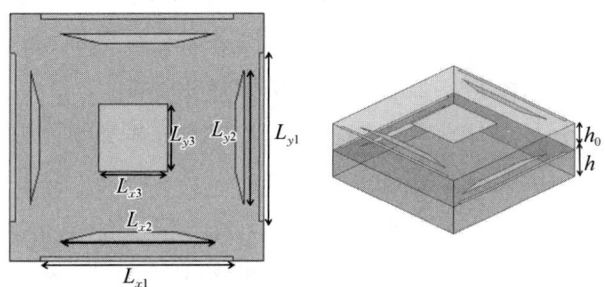

图 5-1-6　沿 y 轴方向的贴片置于下层的双层反射阵单元

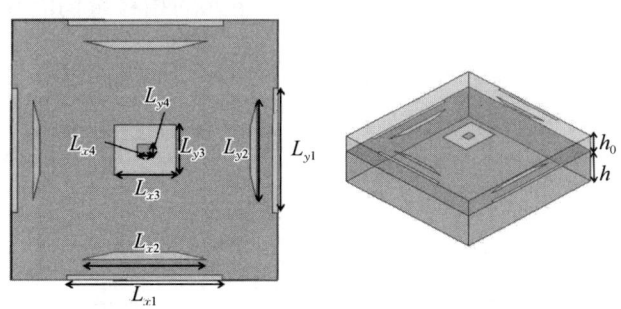

图 5-1-7　加槽的双层反射阵单元

表 5-1-1　反射阵单元优化后的参数值　　　　　　　　　　　　（单位：mm）

参数	w_0	w_1	L_{x1}	L_{x2}	L_{x3}	L_{x4}
尺寸	0.1	$0.1a$	$2a$	$1.6a$	$0.8a$	$0.2a$
参数	h	h_0	L_{y1}	L_{y2}	L_{y3}	L_{y4}
尺寸	1.16	$0.1h$	$2b$	$1.6b$	$0.8b$	$0.2b$

四种单元的整体改进思路如下：

过程中，首先对①单元进行了相移分析，相移范围为 350°，基本满足反射阵的设计要求。但是在设计反射阵时，根据前期的单元设计要求，为了使单元具有更大的移相能力，对①单元进行了改进。通过单层→双方向双层→单方向双层→加槽的逐步设计，使得单元的移向范围大大增加，并且加槽的设计优化了单元的圆极化性能，因此加槽结构性能最佳。具体改进方法如下：将②单元四周最外围的条形贴片置于第二层介质板上，形成了新的谐振特性，获得了420°的相移范围；③单元保持 x 轴方向控制参数 a 的贴片不变，将 y 轴方向控制参数 b 的梯形贴片和条形贴片置于第二层，形成了新的谐振特性，当通过增加参数 a 来增大 x 轴方向贴片尺寸时，改变了周围环境变量，使得该单元结构获得了更宽的相移范围，最大相移范围为525°。

接着，在③单元的基础上提出了④单元，在辐射贴片中心加载一个矩形缝隙，使得电流路径发生了改变，使天线的谐振点发生了偏移。一般形状规则的贴片天线中的电流大多分布在直线长边处，所以为了减小天线的尺寸和频率扰动，在矩形贴片上加载矩形缝隙，改变了直线长边的电流分布，使得圆极化的两个正交模匹配和均衡，优化了单元的轴比特性。由于在③单元的基础上进行的加槽设计，并没有改变单元的谐振特性，因此单元仍具有500°以上的移向范围，同时获得了更优的圆极化性能。

因此，④单元是设计的最佳单元。四种单元的性能分析如下：

首先，进行了单元的相移分析，如图5-1-8和图5-1-9所示。图5-1-8仿真分析了四种反射阵单元的入射角取不同值时，反射阵单元在30 GHz频点处的相位变化曲线。从图中可以看出，反射相位入射角取不同值时，单元的相位变化曲线基本保持一致。图5-1-9分析了四种反射阵单元在不同频点处的相位变化曲线。可以发现在不同频率点处的相移曲线近乎平行，且工作频率在一定范围内偏离中心频率时，单元的相移量仍能基本保持等量变化。

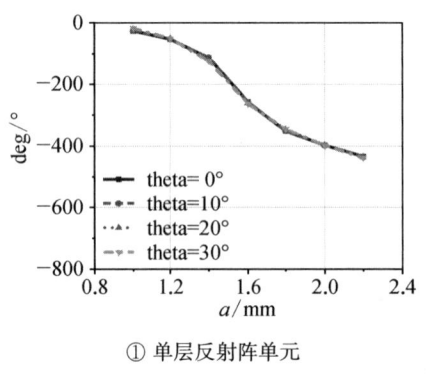

① 单层反射阵单元

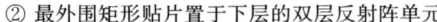

② 最外围矩形贴片置于下层的双层反射阵单元

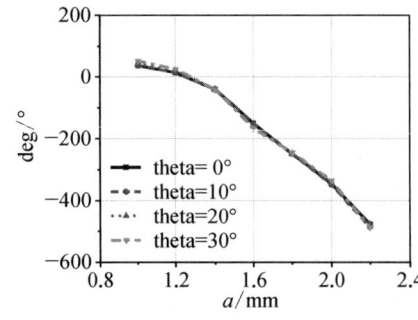

③ 沿 y 轴方向的贴片置于下层的双层反射阵单元

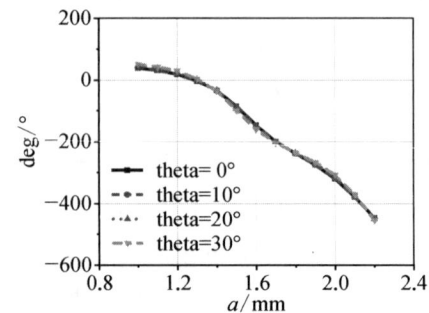

④ 加槽的双层反射阵单元

图 5-1-8　单元入射角不同时在 30 GHz 处的相位变化曲线

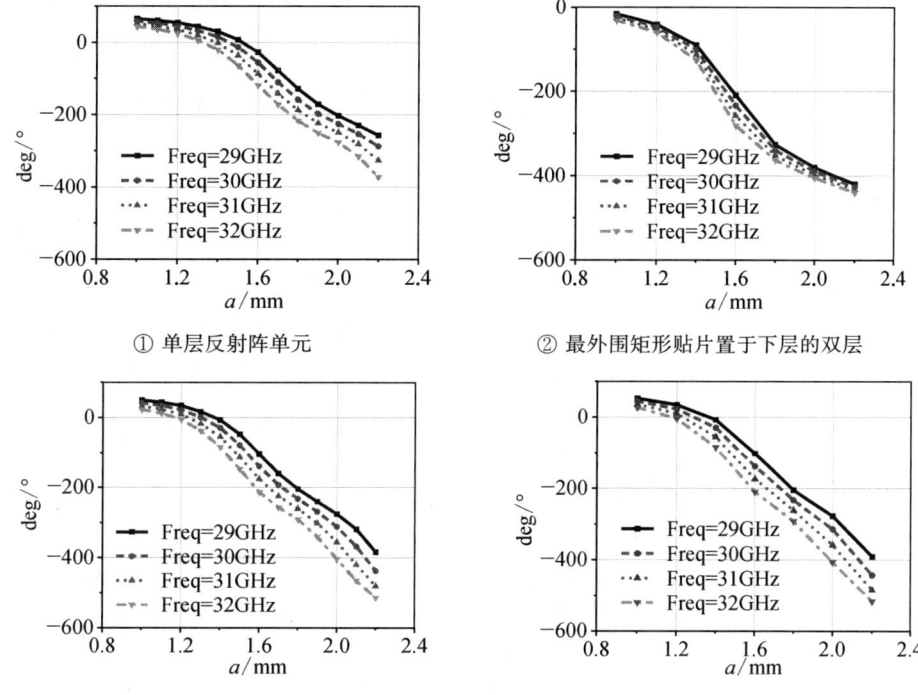

图 5-1-9 单元不同频率处的相位变化曲线

图 5-1-10 对比分析了三种双层结构不同厚度情况下的相移范围,并对比了单层结构相移范围。仿真结果表明,三种单元在 30 GHz 的中心频点处,单元尺寸参数 a 从 1 mm

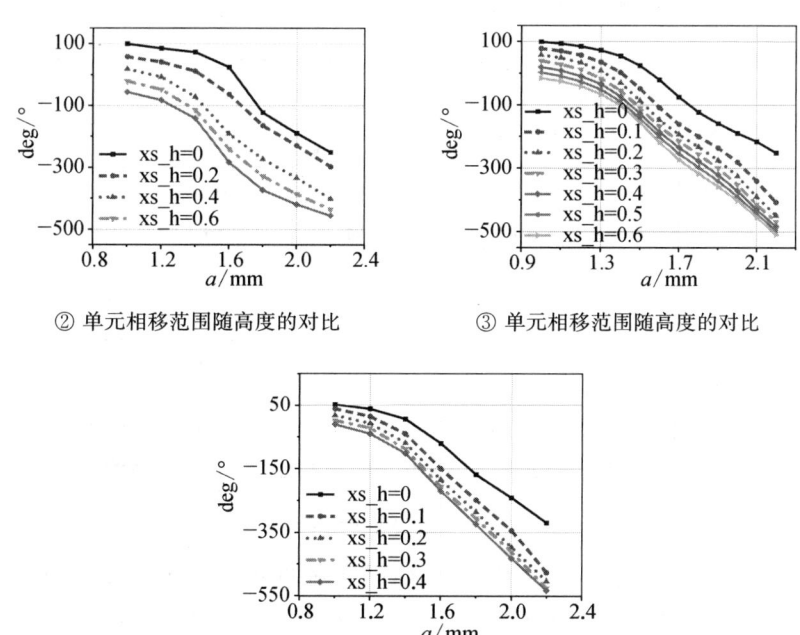

图 5-1-10 单元的相移范围对比分析

变化到 2.2 mm 时,①单元的相位调控范围最大只有 355°;②单元的相位调控范围增加了至少 60°,当 $h_0=0.4h$ 时,相移范围最大为 415°;③④单元相位调控范围增加了至少 170°,当 $h_0=0.1h$ 时,相移范围最大为 525°。通过比较可知,③④单元结构的移相性能最佳。

其次,进行了单元的对称独立性分析,单元结构满足对称独立性时,改变 x 轴方向的 a 参数控制单元相移时,不会影响到 y 轴方向参数 b 对单元 90°反射相位差的影响。为了验证这一特性,仿真分析了三种反射阵单元 y 轴方向参数 b 取不同值时反射阵单元的反射相位随 x 轴方向参数 a 的变化曲线,如图 5-1-11 所示。仿真结果表明,虽然两个方向相互垂直的电流耦合效应会使反射波相位产生一定的波动,但相位变化曲线仍有较好的一致性,反之亦然。该结果表明,四种反射阵单元结构满足独立性条件,均可以作为实现圆极化反射阵的理想单元结构。

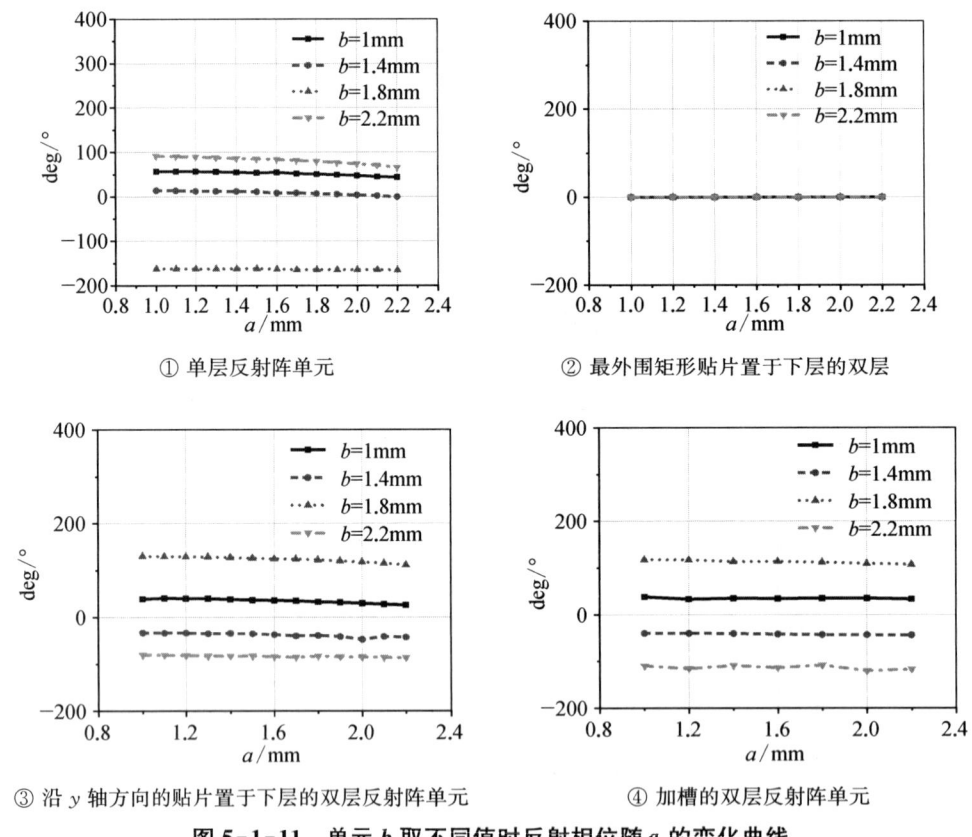

图 5-1-11 单元 b 取不同值时反射相位随 a 的变化曲线

最后,进行了主从边界条件下单元的圆极化性能分析。设置主从边界条件后,当单元结构能够实现圆极化时,入射波经 Floquet 端口反射回的 1 模式波和 2 模式波相位相差 90°。图 5-1-12 验证了三种单元在不同尺寸下反射波两个模式之间的相位差。从结果可以看出,在工作频段内,三种单元结构的入射波经 Floquet 端口反射回的 1 模式波和 2 模式波相位相差均为 90°,误差不超过±10°。图 5-1-13 最后对比了四种单元结构在中心频点处的轴比特性。从仿真结果可以看出,四种单元均实现了圆极化特性,但在相同波束宽度内,双层单元结构的轴比相对更低,圆极化特性略好于单层结构。

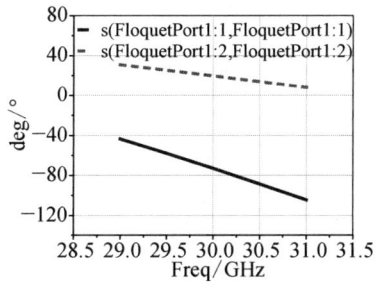
① 最外围矩形贴片置于下层的双层单元

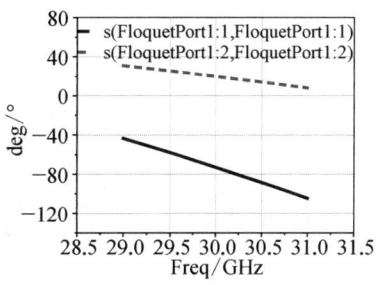
② 沿 y 轴方向贴片置于下层的双层单元

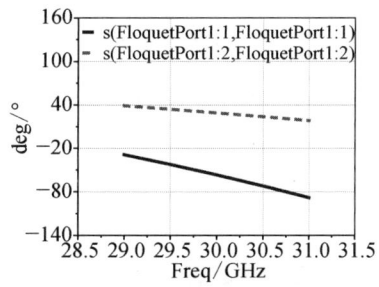
③ 加槽的双层反射阵单元

图 5-1-12　单元两种模式的相位差

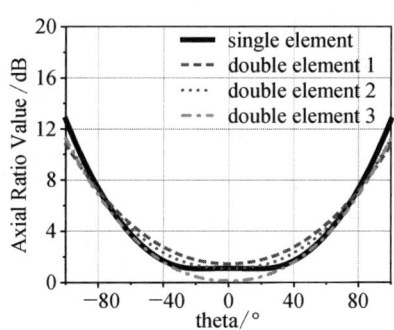

图 5-1-13　四种单元结构在 30 GHz 处的轴比对比

5.1.2.4　平面反射单元组阵设计

采用第四种"矩形+梯形+条带"的复合结构单元进行组阵设计,口径为 6.5 波长×6.5 波长,共 13×13=169 个单元的阵列天线。由于从馈源辐射出的电磁波到达反射面部分的相位分布并不均匀,需要进行相位补偿。利用公式(5-1-1)和(5-1-2)分别计算得到阵面中各个反射单元在相移曲线范围内的相位补偿值,基于 MATLAB 软件绘制相位补偿值图,如图 5-1-14 所示,而后根据优化得到的相移曲线确定相应位置的单元尺寸。

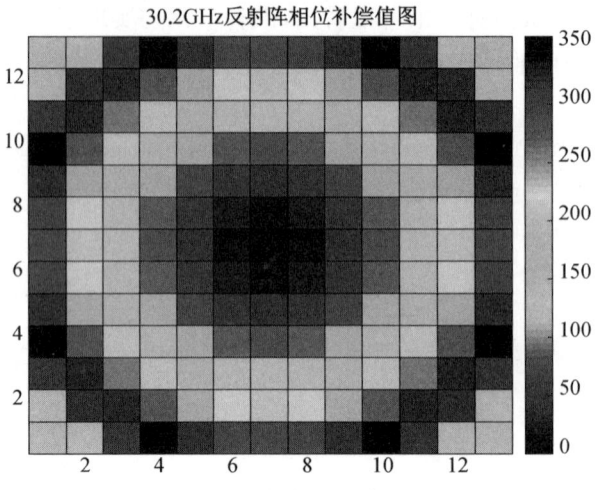

图 5-1-14 反射阵相位补偿值图

根据计算得出的相位分布图与优化的相移曲线,将单元进行渐变式周期性的排布,如图 5-1-15 所示。同时对阵列进行了仿真分析,结果如图 5-1-16 所示,可以看出反射阵列具有良好的轴比特性,同时实现了至少 23 dB 的增益。

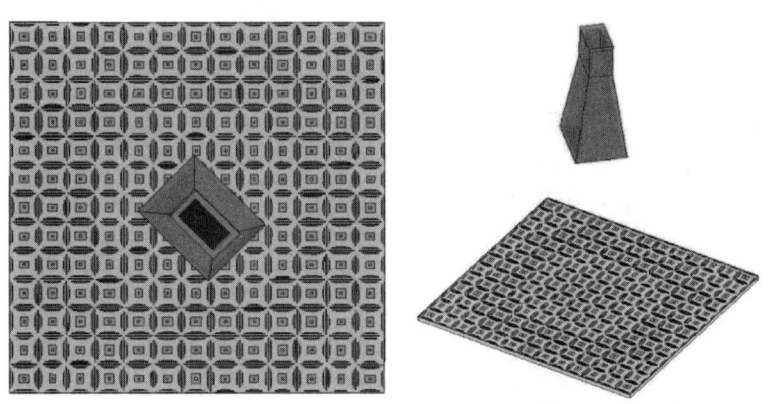

图 5-1-15 加槽的双层反射阵单元组成的平面反射阵列的俯视图与侧视图

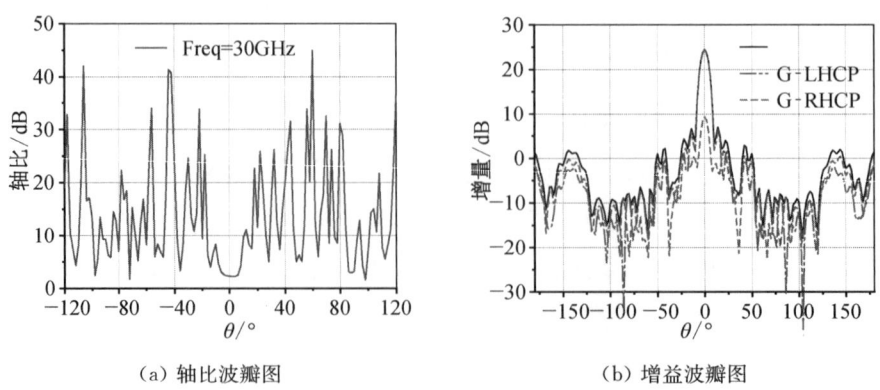

(a) 轴比波瓣图　　　　　　　　　　　(b) 增益波瓣图

图 5-1-16 加槽的双层反射阵单元的平面反射阵列的轴比分析和增益对比

5.1.3 实验内容及步骤

5.1.3.1 实验内容

（1）完成平面反射单元结构建模设计和参数分析；

（2）完成阵列排布设计；

（3）制作实物并进行天线电性能测试。

5.1.3.2 实验步骤

（1）完成 HFSS 高频仿真软件的安装，掌握基本使用规则；

（2）依托 HFSS 高频仿真软件，进行平面反射单元结构建模设计，对单元结构的移相范围、入射角不同时的相位变化、不同频率处的相位变化等参数进行分析；

（3）依托 MATLAB 软件，根据阵列设计需要，绘制反射相位补偿值图；

（4）依托 HFSS 高频仿真软件，进行满足相位补偿需求的阵列排布设计；

（5）加工并组装实现平面反射阵天线实物，如图 5-1-17 所示；

（6）依托矢量网络分析仪和微波暗室，进行天线电性能测试，如图 5-1-18 所示；

（7）依托卫星通信装备和频谱仪，搭建实验装置，进行卫星通信演示实验，验证天线实验装置测试性能，如图 5-1-19 所示。

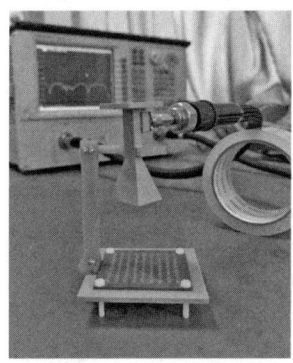

图 5-1-17 天线实物　　图 5-1-18 微波暗室测试图

图 5-1-19 卫星通信演示实验图

5.1.4　实验报告

实验报告一　平面反射阵天线设计与卫星通信演示实验报告

姓名：　　　　　　　　学号：　　　　　　　　　专业：

同组人员：　　　　　　实验地点：　　　　　　　实验时间：

仪器编号：　　　　　　指导教师：　　　　　　　成绩：

实验目的：

实验原理：

实验步骤：

实验数据及分析：

5.2 平面 RFID 天线设计与目标识别演示实验

5.2.1 实验目的

(1) 了解 RFID 系统的工作原理;
(2) 理解 RFID 阅读器天线和标签天线的电磁特性;
(3) 能够对 RFID 阅读器天线和标签天线进行设计。

5.2.2 实验原理与设计

近年来,随着物联网的飞速发展,射频识别技术(RFID)已从默默无闻转向了主流应用,其非接触式的技术特点使得其在民用领域中得到广泛应用,如图书馆图书借阅系统、门禁系统、食品安全溯源、交通物流等。

与此同时,RFID 在军事领域的应用也日益深入,已经或正在应用于军事物流信息化、身份识别、装备识别、营区安防、战地安防、军事保障物资唯一编码、即时通信、作战系统互联等方面。军用 RFID 技术最早出现在第二次世界大战期间,被用在空中作战行动中进行敌我识别。但由于技术和成本的原因,没有继续向前发展。20 世纪 90 年代美国将 RFID 技术应用在军事物流管理中,使得美国的作战水平得到了有效的提高。RFID 技术在我军应用起步较晚,但其发展潜力不容小觑,研究意义十分重大。

5.2.2.1 RFID 系统工作原理

典型的 RFID 系统如图 5-2-1 所示,由三部分组成:读写器、电子标签(应答器)、计算机网络系统(管理平台)。读写器通过阅读器天线向四周不间断地发射载着信息的电磁波,当标签天线接到阅读器传送的信号时,标签芯片被激活,根据协议返回存储的信息,读写器接收信息,最后通过计算机网络系统处理接收的信息使其用于不同的应用场合。

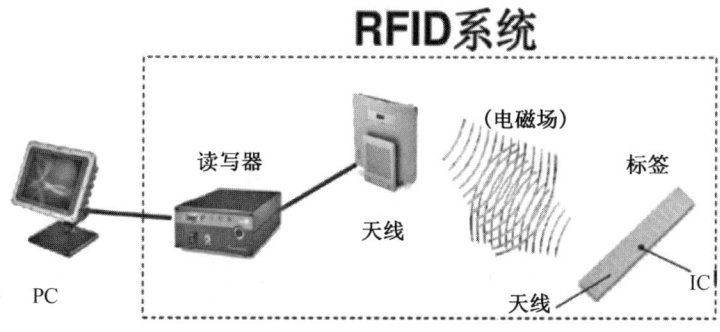

图 5-2-1 RFID 系统基本模型

根据RFID系统工作原理可以看出,作为RFID系统的接口,天线是其重要的组成部分,对整个RFID系统的性能有着重要影响。当前,高性能的RFID系统对天线的设计提出了更高的要求。从民用物流发展以及军用后勤保障的实际出发,需要采用具备机动便捷和全方位探测识别功能的RFID天线来提高物流管理水平以及后勤保障能力。当前,从RFID系统需求出发,展开RFID天线的小型化、圆极化技术研究,设计紧凑型天线模型,非常有实际应用价值。

5.2.2.3 天线小型化、圆极化技术

微带天线通常由一个带有接地板的薄介质基片上贴加导体薄片构成,如图5-2-2所示。它利用微带线或同轴探针对贴片进行馈电,在导体贴片与接地板之间激励起射频电磁场,并通过贴片与接地板间的缝隙向外辐射。通常介质基片厚度与半波长相比是很小的,因此它实现了一维小型化,可算是小天线的一类。

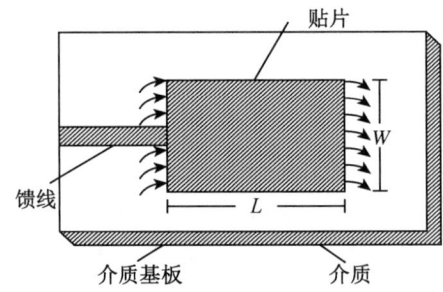

图 5-2-2 矩形微带天线基本模型

矩形微带贴片天线的结构如图5-2-2所示,辐射贴片的宽度为:

$$W = \frac{c}{2f}\left(\frac{\varepsilon_r + 1}{2}\right)^{-\frac{1}{2}} \tag{5-2-1}$$

其中,c 为光速,ε_r 为介质板的介电常数。

长度 L 为:

$$L = \frac{c}{2f\sqrt{\varepsilon_e}} - 2\Delta L \tag{5-2-2}$$

式中,等效辐射缝隙长度:

$$\Delta L = 0.412h \frac{(\varepsilon_e + 0.3)\left(\frac{W}{h} + 0.264\right)}{(\varepsilon_e - 0.258)\left(\frac{W}{h} + 0.8\right)} \tag{5-2-3}$$

其中 h 为介质板厚度。在分析此微带天线的时候,我们可以将 L 等效为一段终端开路,长度为 $\lambda_e/2$($\lambda_e = \lambda_0/\sqrt{\varepsilon_e}$)的低阻抗微带传输线,微带线的等效介电常数的表达式为:

$$\varepsilon_e = \frac{(\varepsilon_r + 1)}{2} + \frac{(\varepsilon_r - 1)}{2}\left[1 + \frac{12h}{W}\right]^{-1/2} \tag{5-2-4}$$

在激励主模 TM_{10} 的情况下，电场在贴片长度方向上的变化是 $\lambda_e/2$。

现如今，对 RFID 系统的便携程度要求越来越高，其尺寸也越来越小。对 RFID 天线的小型化设计是备受关注的问题。天线小型化是微波低频段天线的常用技术，可以大大缩减射频终端的尺寸，实现设备便携轻便，容易集成。现有天线小型化技术大体可以分为以下几类：

(1) 曲流技术：采用如弯折技术、开槽技术、分形技术等，通过延长贴片天线表面电流路径的同时，控制侧向电流的产生，因此拥有较好的交叉极化性质。

(2) 加载技术：典型的小型化加载技术有加载集总元件、短截线等，也可以通过设计使天线本身与周围载体共形，使周围环境参与辐射；

(3) 采用高介电常数的介质材料；

(4) 基于特殊材料单元的天线设计：如人工磁导体(Artificial Magnetic Conductor，AMC)结构和开口谐振环(Split Ring Resonator，SRR)结构。

圆极化天线凭借其能够为发射和接收器件提供可靠信号的优异性能在无线通信中得到了广泛应用。圆极化的主要优点为能够避免掉发射与接收天线因极化不匹配的关系而造成极化损耗，因为接收天线只需要对准发射天线即可，而不需要考虑其极化的角度，在应用上可以使接收装置的摆放较具弹性，这一点对于 RFID 系统而言意义不言而喻。用微带天线产生圆极化波的关键是产生两个方向正交、幅度相等且相位相差 90°的线极化波。当前用微带天线实现圆极化辐射主要有以下几种方法：

(1) 单点馈电法。是一种在结构上比较简单的馈电方法，利用这种方法馈电通常要在天线中引入几何微扰去引导电磁波的走向，从而使天线能够产生两个辐射正交的简并模。这也是一种在空腔模型理论的基础上实现天线圆极化性能的方法。合理的选择几何微扰和馈电点的位置是该方法的关键。单点馈电法相对于其他方法有着明显的优点：结构简单，无需外加功率分配器，相移网络和结构简单等。

(2) 多点馈电法。是利用两个或两个以上的多个馈电点对微带天线进行馈电，该方法由馈电网络保证圆极化工作条件，常用的多点馈电法有双点馈电和四点馈电，其结构较为复杂。

(3) 也可用多个线极化微带贴片天线或其他微带天线元来辐射圆极化波(多元法)。

考虑到多点馈电法和多元法不利于天线小型化的研究，因此采用单点馈电单贴片法设计天线。

围绕小型化、圆极化的低成本、高性能、超高频 RFID 天线进行研究，对比不同技术的优缺点，利用微带天线体积小、重量轻，以及易与载体集成共形的特点，改进现有设计的性能，实现天线的小型化、圆极化。同时分析天线阻抗匹配、远场辐射等电磁特性，为设计实现机动便捷和全方位探测识别功能的 RFID 系统提供了方案。

5.2.2.3 阅读器天线模型设计与分析

这里给出几种阅读器天线的结构图。图 5-2-3(a)为阅读器天线 1 结构图，采用了简单的分形结构。天线采用 FR-4 介质作为阅读器天线的介质基板(厚度 $h=1.5$ mm，介

电常数 $\varepsilon_r=4.4$），运用闵可夫斯基一阶分形结构。天线采用同轴馈电方式进行馈电。在此基础上，将正方形导体贴片各边的中心裁去 4 个小正方形，同时为了降低天线的谐振频率，在对角线位置刻出 4 个钩形槽，可进一步缩减天线的尺寸。为了改善阻抗匹配，在天线接地板处设计了 T 形槽，并在此基础上引入了微扰 ΔS，使天线辐射圆极化波，其结构如图 5-2-3(b)所示，各结构尺寸已在图中标出，具体数值见表 5-2-1。

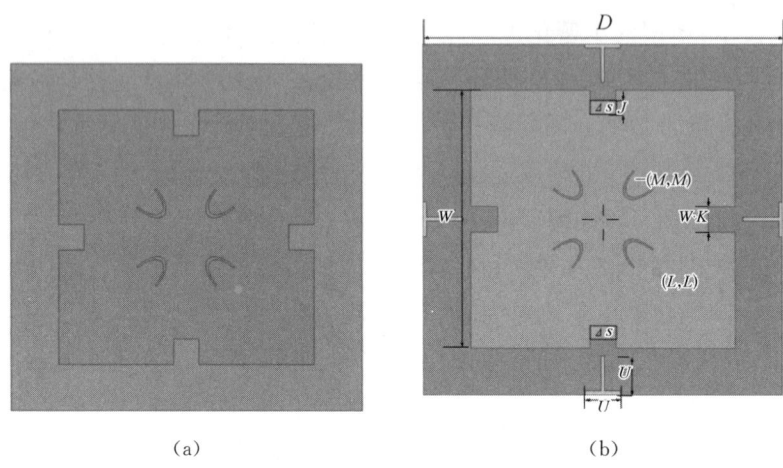

图 5-2-3 阅读器天线 1 结构图

表 5-2-1 天线结构的最优变量值 （单位：mm）

W	D	H	M	L	R_0	F_x	U	R_2	R_1	K	J
73.5	100	3	12	15	0.5	1	10	8	7	0.1	4.5

天线在基本保持原有带宽的同时，具有圆极化、小型化的特性。通过调整微扰尺寸，以及馈电点的位置，使得天线的阻抗匹配，交叉极化等性能更优。同时通过调整正方形和钩形槽的尺寸使其谐振频率降低。经过调节参数，最终得到最优值。其仿真的 S11、轴比如图 5-2-4 所示。

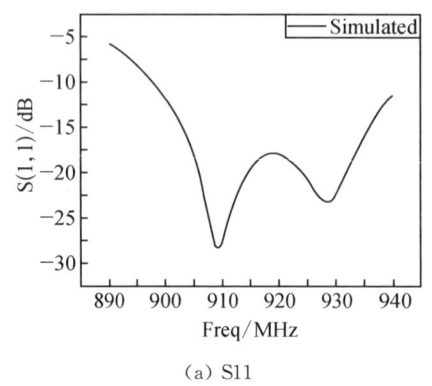
(a) S11

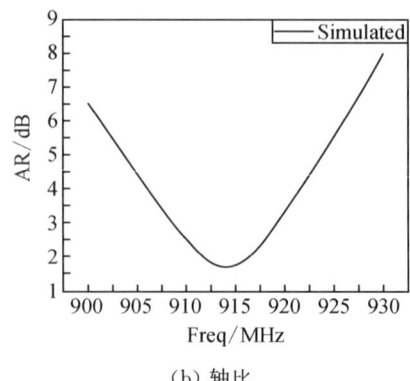
(b) 轴比

图 5-2-4 阅读器天线 1 的仿真 S11 和轴比曲线图

图 5-2-5 给出的是另一种设计结构图。它由位于分段环形天线中心的贴片天线组成。包括 Rogers RT 5880 材料的介质基板（$\varepsilon_r = 2.2, \tan\delta = 0.0009$）。基板尺寸为 $h = 3.175$ mm，$L_1 = 166$ mm，$L_2 = 176$ mm。采用同轴馈电方式。天线的详细尺寸见表 5-5-2。

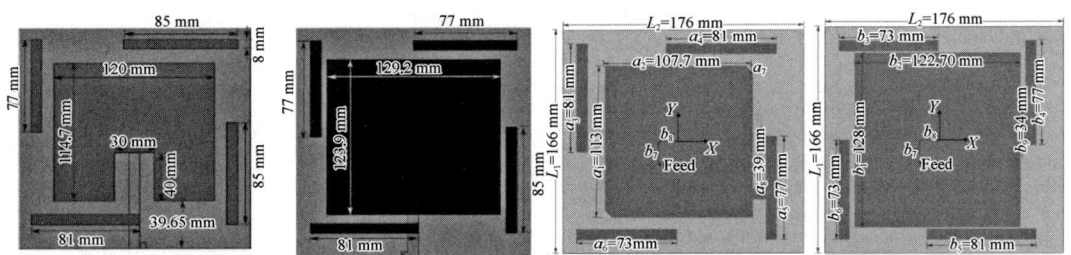

图 5-2-5 阅读器天线 2 结构图

表 5-2-2 建议天线的优化参数　　　　　　　　　　　　　　　（单位：mm）

a_1	a_2	a_3	a_4	a_5	a_6	a_7	a_8	b_1
113	107.7	81	81	77	73	5.5	39	128
b_2	b_3	b_4	b_5	b_6	b_7	b_8	b_9	
122.7	73	77	81	73	17.5	17.5	34	

贴片天线由同轴探针馈电，环形天线通过两条传输线连到贴片上，通过调整同轴探针和传输线的位置，天线激发出两个正交极化的线极化波。当这两个线极化波有相同振幅和 90°相位差时，可以获得圆极化波的辐射。除同轴探针的馈电位置会影响轴比外，连接环形天线和贴片天线的两条微带线的位置对轴比也有很大影响。只有两条传输线关于 x 轴对称分布时，天线才是圆极化，这种影响如图 5-2-6 所示。图 5-2-7 分别显示了一个周期内四种情况下的电场分布。可以看出，两条传输线的位置对天线的极化特性有很大的影响。

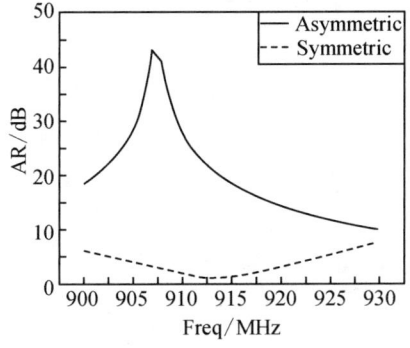

图 5-2-6 微带线的位置对天线轴比的影响

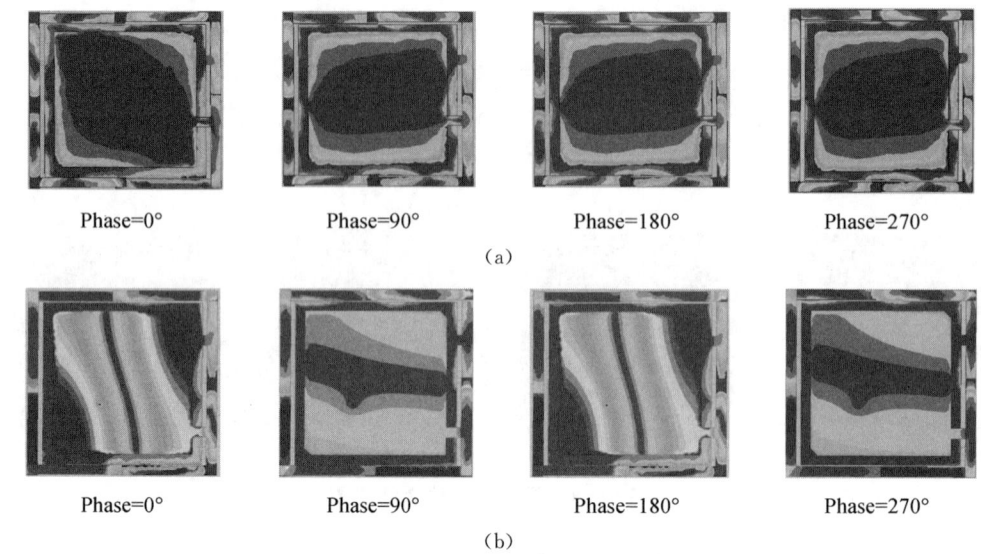

图 5-2-7 一个周期内的电场分布变化图

对天线进行模型仿真。如图 5-2-8(a)到(c)所示，S11<−10 dB 的工作带宽为 906~923 MHz，天线的轴比<3 dB 的带宽为 907~919 MHz。在近场区域 $Z=20$ mm 处，该区域的磁场强度可以识别标签天线。因此，我们可以认为它同时具有良好的近场和远场特性。

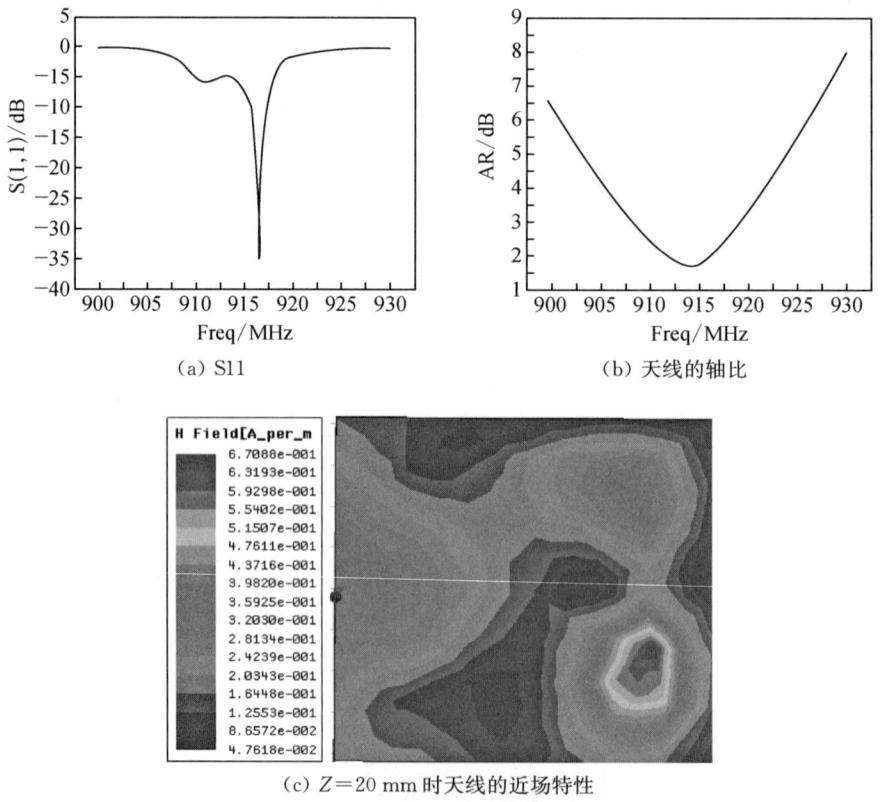

图 5-2-8 阅读器天线 2 的仿真参数

5.2.3.4 标签天线模型设计与分析

这里给出几种标签天线的结构图。如图 5-2-9(a)所示,标签天线印制在 FR-4 介质基板(介质高度 $h=0.8$ mm,介电常数 $\varepsilon_r=4.4$),天线的总体结构由弯折结构的偶极子和一个 T 形阻抗匹配网络结构组成,通过仿真发现其尺寸仍较大,不满足小型化的要求,因此设计了多边形结构。天线利用弯折臂技术,同时利用环偶极子,降低了谐振频率,使其达到小型化的目的,其结构如图 5-2-9(b)所示,各结构尺寸已在图中标出,具体数值见表 5-2-3。

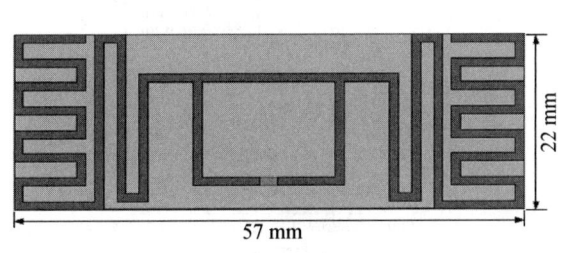

(a) T 形结构　　　　　　　　(b) 多边形结构

图 5-2-9　标签天线 1 结构图

表 5-2-3　建议天线的优化参数　　　　　　　　(单位:mm)

a	b	h_1	h_2	h_3	h_4	h_5	w	w_1	gap	l_2	H
10	9	5.5	9.5	9	8	4	1	0.5	1	1.5	0.8

在相同的谐振频率下,通过比较天线的尺寸,来说明多边形结构对天线小型化的影响。如图 5-2-10 所示为两个天线的 S11,基本覆盖相同的频段范围,但是结构尺寸却相差很大。说明多边形结构可以使天线更小型化。

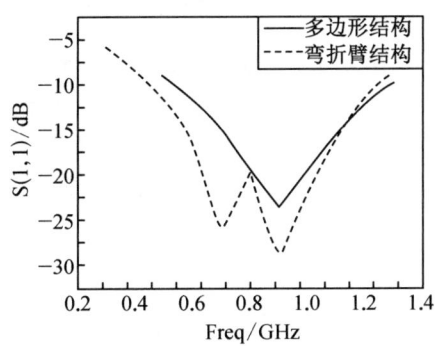

图 5-2-10　不同结构天线对应的 S11 曲线图

结合图 5-2-11(a)到(d)参数优化分析,发现在多边形宽度固定的情况下,越远离弯折臂,天线的输入阻抗越大。

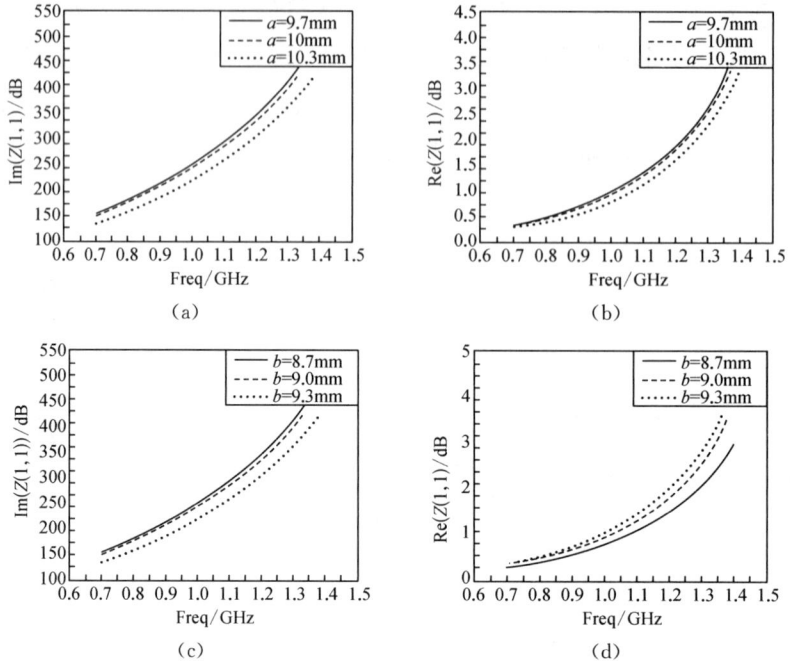

图 5-2-11　标签天线 1 各个参数对应的 Z11 变化曲线图

图 5-2-12(a)到(f)为 SRR 天线的结构图。天线采用 FR-4 介质作为标签天线的介质基板(厚度 $h = 0.5$ mm,介电常数 $\varepsilon_r = 4.4$)。在运用 SRR 结构的基础上采用折叠环以及加载技术,对天线进行逐步加载,降低天线的谐振频率,使天线的尺寸进一步减小。仿真结果表明,加载结构降低了天线的谐振频率,从而达到天线小型化的目的,如图 5-2-13 所示。

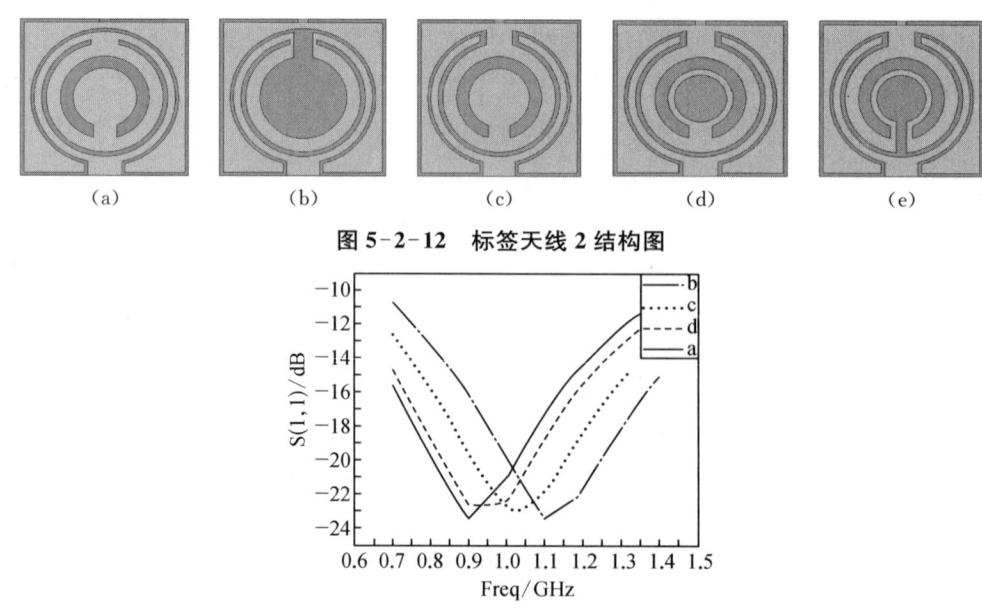

图 5-2-12　标签天线 2 结构图

图 5-2-13　标签天线 2 的 S11 仿真曲线图

5.2.3 实验内容及步骤

5.2.3.1 实验内容

（1）完成对阅读器天线小型化、圆极化结构建模的设计和参数分析；

（2）完成对标签天线小型化结构建模的设计和参数分析；

（3）制作实物并进行天线电性能测试。

5.2.3.2 实验步骤

（1）完成 HFSS 高频仿真软件的安装，并掌握其基本使用规则；

（2）依托 HFSS 高频仿真软件，对阅读器天线进行小型化、圆极化结构建模设计，对阅读器天线的 S 参数、方向图、轴比等电参数进行分析；

（3）依托 HFSS 高频仿真软件，对标签天线进行小型化结构建模设计，对标签天线的 S 参数、场分布等电参数进行分析；

（4）加工并组装阅读器天线实物，如图 5-2-14 所示；

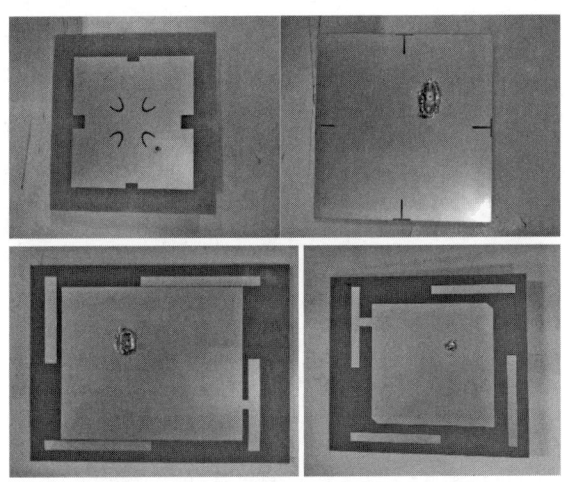

图 5-2-14　阅读器天线的实物图

（5）依托矢量网络分析仪和微波暗室，进行 RFID 天线电性能测试，如图 5-2-15 所示；

图 5-2-15　微波暗室测试图

（6）依托 RFID 系统，搭建实验装置，进行目标识别实验，记录识别距离、识别范围等，验证天线性能，如图 5-2-16 所示。

图 5-2-16　目标识别演示实验图

5.2.4　实验报告

实验报告二　平面 RFID 天线设计与目标识别演示实验报告

姓名：　　　　　　　学号：　　　　　　　专业：

同组人员：　　　　　实验地点：　　　　　实验时间：

仪器编号：　　　　　指导教师：　　　　　成绩：

实验目的：

实验原理：

实验步骤：

实验数据及分析：

5.3 平面频率扫描天线设计实验

5.3.1 实验目的

(1) 了解平面频率扫描天线的工作原理；
(2) 理解平面频率扫描天线的电磁特性；
(3) 能够对平面频率扫描天线进行设计。

5.3.2 实验原理与设计

在日益复杂的战场环境态势下，及时、清楚地掌握己方及敌人的动态信息对战争的胜利起着举足轻重的作用。雷达正是在这样的背景下孕育而生。一个典型雷达系统的工作原理如图 5-3-1 所示，首先雷达发射机产生电磁波信号，通过收、发转换开关后传输到天线；天线将电磁波辐射至探测区域后，若遇到目标，便会将电磁波的部分能量反射回来，传播至接收天线；最后，回波信号到达接收机，经信号处理后输出检测结果。

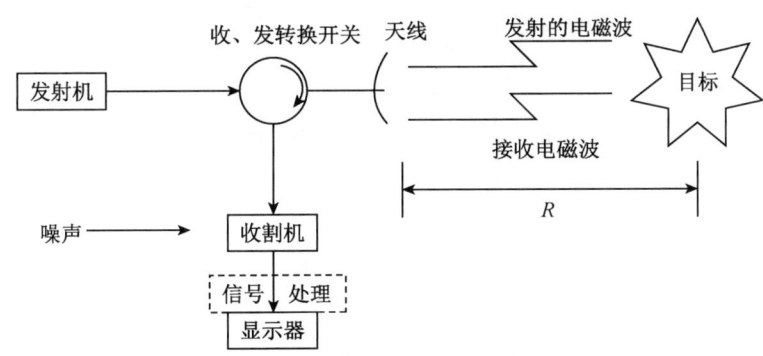

图 5-3-1　雷达工作原理示意图

天线作为雷达系统的收发设备，对整个雷达的性能起着决定性作用。由于雷达追踪的目标是运动目标，并且一个雷达往往需要负责一片区域，这就要求雷达应当具有扫描功能。早期的雷达系统通常采用机械扫描天线完成这一功能，但其具有明显的弊端——机械故障率高、不稳定以及波束扫描成形较慢，这也使得它的发展受到限制。与此同时，频率扫描天线受到了越来越多的关注。

频率扫描天线是指天线波束方向随工作频率的改变而有规律地在一定范围内改变的天线，简称频扫天线。其基本原理是利用阵列中各辐射元在不同频率下的馈电相位差不同使得波束的主辐射方向改变，实现波束的扫描。相较于机械扫描天线，其具有体积小、增益高、造价低、抗干扰能力强、扫描速率快等优点。一般的频率扫描天线通常采用波导缝隙阵列或微带贴片阵结构，如图 5-3-2 所示。

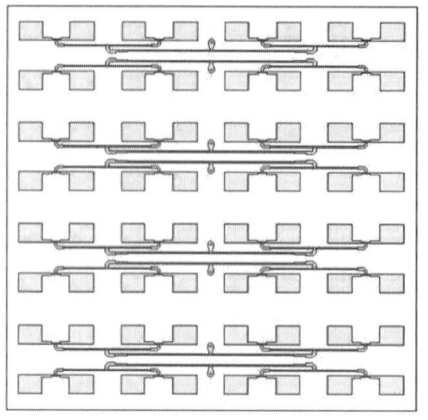

(a) 微带贴片天线阵结构

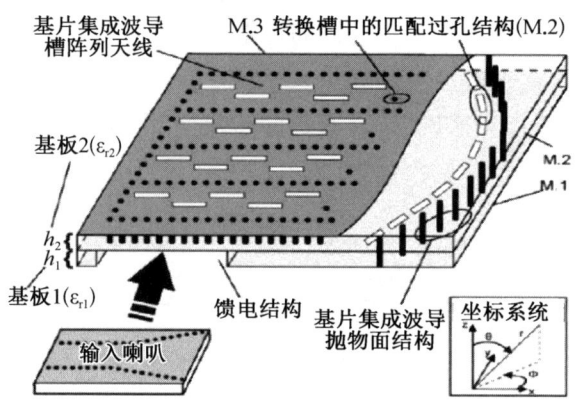

(b) 波导缝隙阵列天线

图 5-3-2　频率扫描天线

5.3.2.1　基片集成波导缝隙阵列天线工作原理

基片集成波导缝隙阵列天线的提出是基于基片集成波导（SIW）理论展开阐述的。SIW 与传统的平面波导结构一样，通过某一方式馈电，使信号源的电磁波能够沿着传输线导行传播。两者的主要区别在于，普通的平面波导直接采用金属面作为波导壁，而 SIW 则是在上下表面覆盖金属的介质板边沿打上两排密集的金属通孔，如图 5-3-3 所示。当金属通孔的参数设计合适时，金属通孔便能等效为传统的波导壁。由于该结构简单，容易与平面电路集成，因此得到了广泛的研究与应用。根据 SIW 理论，金属通孔设计时的相关参数通常要保证下式成立：

$$s < \frac{\lambda_g}{5}, d > \frac{s}{4} \tag{5-3-1}$$

其中，s 是金属通孔的间距，d 是金属通孔的直径。矩形波导中波导的波长为：

$$\lambda_g = \frac{2\pi}{\beta} \tag{5-3-2}$$

$$\beta = \frac{2\pi}{\lambda}\sqrt{1-\left(\frac{\lambda}{\lambda_c}\right)^2} \qquad (5\text{-}3\text{-}3)$$

其中，λ 为天线的截止频率，通常由天线的尺寸结构决定。在一般情况下，我们确定天线的工作频率后，便可利用上式计算通孔尺寸，设计相应的 SIW，为下一步的天线设计做准备。

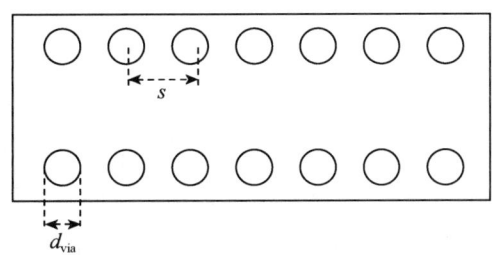

图 5-3-3　基片集成波导结构俯视图

基片集成波导就是一个导波结构，它还无法辐射电磁波。要想使波导结构能够进行电磁波的辐射，就必须在集成波导的表面进行开缝。通常在波导上的不同位置进行开缝结果是完全不同的。从能否辐射电磁能量来看，缝隙可以分为辐射缝隙与非辐射缝隙。

辐射缝隙是指对波导壁上的电流线进行了切割的缝隙。在这种情况下，缝隙处的电流一部分将绕过缝隙，而另一部分将以位移电流的方式沿开缝前波导壁电流的方向流过缝隙，根据麦克斯韦方程，位移电流也就是电位移矢量的一阶时间偏导，将产生沿传输线垂直方向的电磁波，正好沿着缝隙很好地将电磁能量辐射出去。相反，非辐射缝隙是指缝隙宽边指向与波导壁电流方向一致的缝隙，由于这种情况下电流绝大部分将绕过缝隙，并且位移电流产生的电磁能量只能从缝隙的窄边辐射出去，当缝隙足够窄时，电磁能量便可视为没有辐射到外部。

5.3.2.2　高性能频率扫描天线实现原理与设计

（1）波束扫描功能实现

通常电扫描天线采用波导缝隙阵，如图 5-3-4 所示。不难推导，在该结构下，当波导中有行波传输时，相邻缝隙的馈电相位差可表示为：

$$\Delta\varphi = \frac{L}{\lambda_g} \cdot 2\pi \qquad (5\text{-}3\text{-}4)$$

其中，L 是相邻缝隙的传输线距离，λ_g 为波导波长。定性地看，当天线的工作频率 f 改变时，波导波长 λ_g 随之改变，由式(5-3-4)可知相邻缝隙的馈电相位差 $\Delta\varphi$ 也发生改变。这就使得自由空间中相干叠加的等相位面的倾斜度改变，进而使波束的指向发生变化。若进行定量分析，便可得出此时天线波束扫描角度的变化量为：

$$\Delta\theta = \arcsin(\Delta\varphi/\beta_0 d) \tag{5-3-5}$$

其中,β_0 为空间相移常数,d 为单元空间间距。

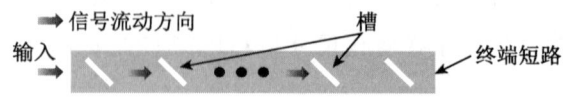

图 5-3-4　线极化波导缝隙天线阵示意图

(2) 圆极化功能实现

如图 5-3-4 所示的缝隙单元天线辐射出来的电磁波是线极化波,这往往会限制该天线的应用范围。圆极化天线具有接收和发射任意极化电磁波的性质,应用场合非常广泛。如何使天线具备圆极化性能显得尤为重要。可采用正交的双缝隙单元结构来实现天线的圆极化。根据电磁波理论,当两个线极化波方向垂直,且相位相差 $\pi/2$ 时,两个波的合成波即是圆极化波。采用正交的缝隙阵能够辐射出相互垂直的两线极化波,此时只需要调整两缝隙的传输线距离,使得两者的馈电相位差为 $\pi/2$,便能使天线具备圆极化性能,利用该结构实现圆极化扫频功能的阵列天线示意图如图 5-3-5 所示。

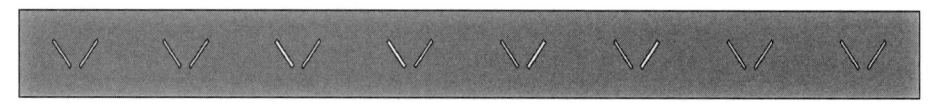

图 5-3-5　采用正交结构的波导缝隙天线阵

(3) 宽扫描范围功能实现

在对波导缝隙天线阵的分析中,天线的扫描范围主要由式(5-3-4)和式(5-3-5)决定,不难知道,天线扫描的角度与传输线的距离 L 成正比,与天线的物理距离 d 成反比,由于天线的尺寸限制,其物理距离 d 通常较为固定,因此只能考虑增大缝隙间的传输线距离来增大扫描的角度范围。采用弯折结构来增大传输线距离,进而扩大扫描角度,结构如图 5-3-6 所示。可以看出,将 SIW 结构传输线弯折并使缝隙的物理距离不变,保证了在有限的天线尺寸下增大相邻缝隙间的传输线长度,使得天线的扫描范围被有效地拓宽。

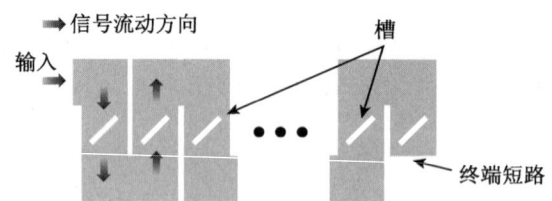

图 5-3-6　采用弯折结构的波导缝隙天线阵示意图

(4) 高增益功能实现

综合圆极化和宽波束扫描范围要求后设计出的波导缝隙阵列天线如图 5-3-7 所示。为了进一步提高天线的增益,引入人工电磁结构来提高天线的增益性能。上层为加载的人工电磁结构,通过在介质板中周期的打孔构成部分反射面(PRS)。工作在谐振频率的电磁波辐射到人工电磁结构,部分被反射回来,再反射回去的电磁波与原来向前辐射的同相电磁波相互叠加,使得天线增益在理想情况下可以得到明显提高。

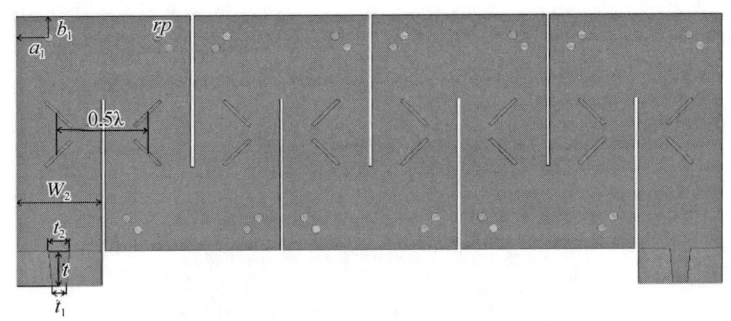

(a) 俯视图

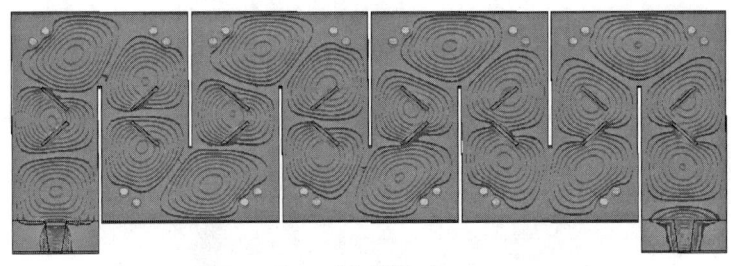

(b) 场图

图 5-3-7 采用弯折结构的圆极化波导缝隙天线俯视图与场图

5.3.2.3 频率扫描天线最终模型

加载人工电磁结构并介质集成化后的天线结构如图 5-3-8 所示,该天线具有双层结构,底层为馈电层,结构采用微带渐变线—SIW 转换结构馈电。在 SIW 上刻蚀 8 单元周期排列的矩形缝隙对,该漏波结构实现天线的圆极化波束扫描性能。通过将 SIW 结构弯折以达到在有限的天线尺寸下增大传输线长度,进而增大天线的波束扫描范围。上层为加载的人工电磁结构,通过在介质板中周期的打孔构成部分反射面(PRS)。工作在谐振频率的电磁波辐射到人工电磁结构,部分被反射回来,再反射回去的电磁波与原来向前辐射的同相电磁波相互叠加,使得天线增益得到明显提高。两层结构采用的材料均为 Rogers 5880($\varepsilon_r=2.2$,$\tan\delta=0.0009$),尺寸均为 97.6 mm×44.6 mm。天线具体结构参数如表 5-3-1 所示。

表 5-3-1 天线参数表

变量	h_1	h_2	h_3	L	W	D	l_1
数值/mm	4.5	9.5	0.5	97.6	44.6	3	4.1
变量	w_1	t	t_1	t_2	w_2	r_0	p_0
数值/mm	0.4	4	1.4	2.3	9.6	0.4	1.6

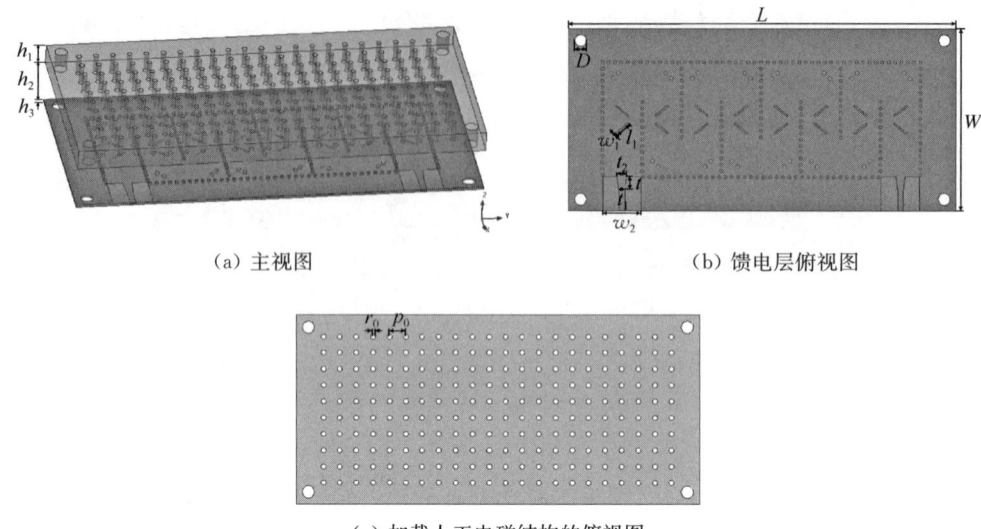

(a) 主视图　　　　　　　　　(b) 馈电层俯视图

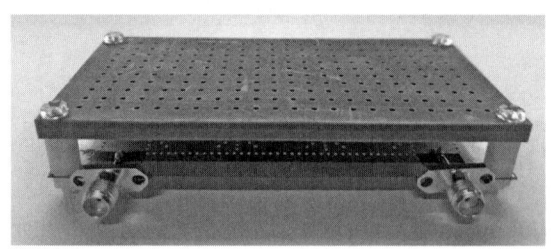

(c) 加载人工电磁结构的俯视图

图 5-3-8　天线的结构图

利用图 5-3-8 天线模型进行仿真，通过实物加工，如图 5-3-9 所示，进行实测，得到仿真和实测结果如下。

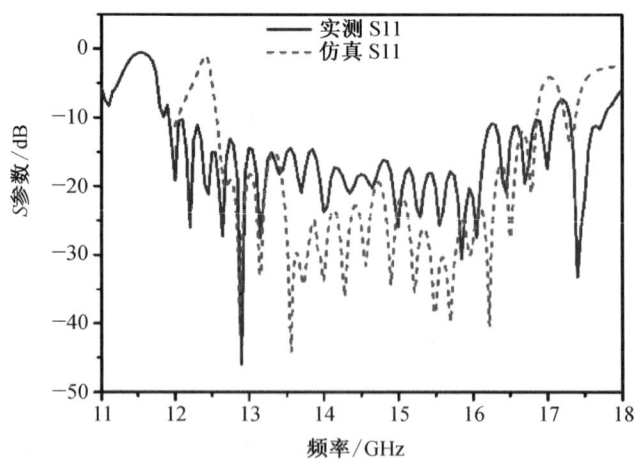

图 5-3-9　加载结构天线实物示意图

通过仿真软件 HFSS 对天线进行仿真。天线的 S 参数如图 5-3-10 所示。可以看到，天线的 -10 dB 阻抗带宽为 12.6 GHz～16.9 GHz，相对带宽为 29.2%。

图 5-3-10　天线 S 参数仿真与实测结果

采用不同结构的天线方向图对比如图 5-3-11 所示。图 5-3-11(a)为直线结构 SIW 缝隙阵列天线的方向图仿真结果,在 14～17 GHz 频带内波束扫描范围为－5°～＋19°(24°)。图 5-3-11(b)为采用弯折结构 SIW 缝隙阵列天线的方向图结果,波束扫描范围为－55°～＋15°(70°)。通过对比不难看出,天线的扫描范围增加了约 2 倍,传输线弯折结构的理论得到验证。图 5-3-11(c)为加载人工电磁结构的弯折结构 SIW 缝隙阵列天线仿真与实测结果,其中实线为实测结果,虚线为仿真结果,天线仿真最大增益约为 14.1 dBi,相较于非加载的馈电层[图 5-3-11(d)],天线的增益得到明显提高,最大增益提高约 2.4 dB,且对天线的波束扫描范围无较大影响。

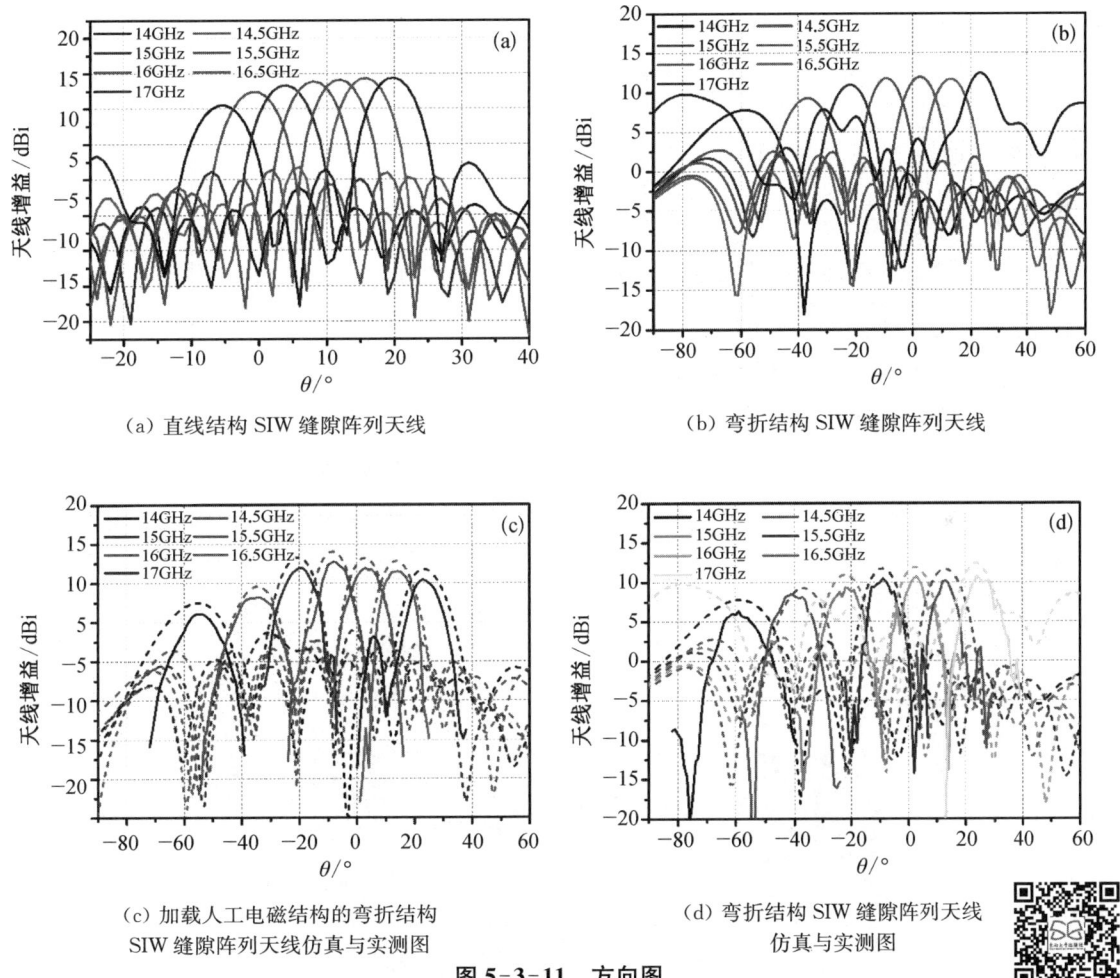

(a) 直线结构 SIW 缝隙阵列天线

(b) 弯折结构 SIW 缝隙阵列天线

(c) 加载人工电磁结构的弯折结构
SIW 缝隙阵列天线仿真与实测图

(d) 弯折结构 SIW 缝隙阵列天线
仿真与实测图

图 5-3-11　方向图

图 5-3-12 给出了天线轴比曲线的仿真与实测图。可以看出,实测与仿真结果吻合较好,天线在工作频带内基本实现了圆极化辐射,3 dB 轴比带宽为 2.5 GHz(14～16.5 GHz),相对带宽约为 17%。

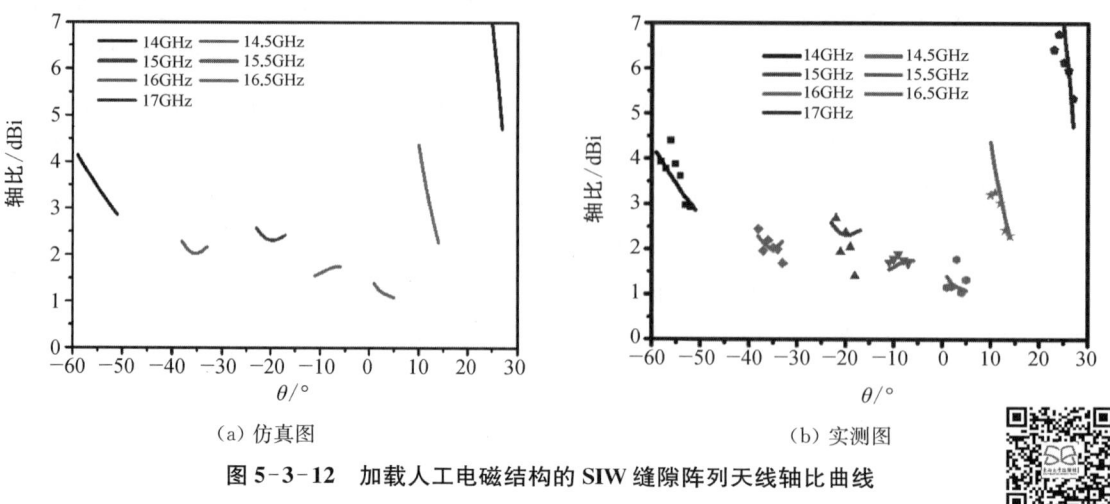

(a) 仿真图　　　　　　　　　　　　　　(b) 实测图

图 5-3-12　加载人工电磁结构的 SIW 缝隙阵列天线轴比曲线

5.3.3　实验内容及步骤

5.3.3.1　实验内容

（1）对平面频率扫描天线进行圆极化、宽扫描范围和高增益的结构建模设计和参数分析；

（2）制作实物并进行天线电性能测试。

5.3.3.2　实验步骤

（1）完成 HFSS 高频仿真软件的安装，掌握其基本使用规则；

（2）依托 HFSS 高频仿真软件，对平面频率扫描天线进行圆极化、宽扫描范围和高增益的结构建模设计，对天线的 S 参数、方向图、轴比等电参数进行分析；

（3）加工并组装实现天线实物；

（4）依托矢量网络分析仪和微波暗室进行天线电性能测试，记录波束扫描范围等，验证天线性能，如图 5-3-13 所示。

图 5-3-13　微波暗室测试图

5.3.4 实验报告

实验报告三　平面频率扫描天线设计实验报告

姓名：　　　　　　　　　学号：　　　　　　　　　专业：

同组人员：　　　　　　　实验地点：　　　　　　　实验时间：

仪器编号：　　　　　　　指导教师：　　　　　　　成绩：

实验目的：

实验原理：

实验步骤：

实验数据及分析：

5.4 混频移相相控阵天线设计实验

5.4.1 实验目的

(1) 了解混频移相相控阵天线的概念；

(2) 理解混频移相相控阵天线的电磁特性；

(3) 能够对混频移相相控阵天线进行设计并制作。

5.4.2 实验原理与设计

我国边远海域与指挥所的高速、远距离、动中通信一直是未解决的难题。现有海上远距离高速通信常采用卫星手段，由于卫星资源受限，海防舰船无法申请卫星资源。微波通信可以保证高速通信，但是由于视距通信的短板，舰船上的天线架高受限，视距通信距离在 20 km 左右，无法满足远距离通信的需求。舰船航行时风浪对通信产生影响，需要天线波束指向调整速度满足一定要求。海面蒸发波导传播机制链路稳定性高，不需要中继站就可实现较远距离的超视距通信，合理利用海面蒸发波导自然现象，可以解决海防高速远距离通信这一难题。而在沿岸区域，受陆地影响，近海面大气常处于稳定状态，蒸发波导通信不易达成，方案设计还必须同时考虑不同气象和不同距离条件对陆-舰通信的影响。针对该问题设计实现了一款基于蒸发波导修正模型的混频移相相控阵天线。

5.4.2.1 天线设计要求

(1) 工作频率与通信距离

工作频率宜选在 5 GHz 附近。采用蒸发波导修正模型，陆-舰 34 Mbit/s 的高速通信可由视距距离 20 km 拓展至 90 km 的超视距范围。

(2) 不同气象条件和通信距离的应对方案

当大气条件具备蒸发波导的海上超视距通信条件时，宜首选蒸发波导传播模式进行通信；当不满足蒸发波导的通信条件时可采用视距传播模式。因舰船上的天线架高受限，可通过在岛上架设不同高度的天线实现不同气象和不同距离条件下的陆-舰通信。

(3) 舰船天线设计要求

由于需要在视距和超视距两种通信模式间切换，舰船通信天线波瓣在俯仰方向采用宽波瓣设计以降低天线波束指向伺服系统的复杂度，在水平方向采用窄波瓣设计以提高天线增益。水平方向的窄波瓣设计，且舰船前进时需与岛屿之间保持不间断通信，因此设计的天线要求具有高精度方位角指向调整功能。同时为了对抗海上风浪，对波束切换时间也提出了较高要求。以现役接力装备为基础，对天线部分进行改造，按照舰船航行最大航行速度 83.83 km/h，最大横摇角度 30°，周期 13.5 s，最大纵摇角度 15°，周期 4.7 s，通信距离不小于 90 km 计算，具体的舰船天线设计指标如下：

(1) 最大增益应不小于 10 dBi；

(2) 俯仰方向波束宽度不小于 60°；

(3) 水平方向波束可在±30°内扫描，波束扫描精度为 0.1°；

(4) 波束切换时间小于 2 ms；

(5) 工作频率应覆盖 4.4～5.0 GHz。

5.4.2.2 混频移相设计原理

为满足波束指向精度和波束切换时间要求，设计了一款新型混频移相相控阵天线实现舰船与岛屿间高速远距离通信。所谓相控阵天线，是指通过控制阵列天线中辐射单元馈电相位来改变方向图波束指向的一类阵列天线。与传统机械扫描阵列天线相比，相控阵天线的阵面在空间是固定不动的，但达到了波束扫描的效果，相当于天线阵面在空间转动。

传统相控阵天线的实现方案可采用巴特勒矩阵或者射频移相方案。

(1) 巴特勒矩阵方案

巴特勒矩阵是一种实现功率分配和固定移相的网络，由 J. Butler 和 R. Lowe 提出，广泛应用于线性阵列的多波束形成网络。巴特勒矩阵通过网络中耦合器和移相器组合实现功率和相位分配。随着巴特勒矩阵阶数的增大，所需要的器件呈指数增长，结构十分复杂，且其最大缺点是波束指向精度较差。如图 5-4-1 所示的巴特勒矩阵可形成 4 个波束指向，分别是±14.5°和±48.6°，波束指向步进精度大约为 30°。

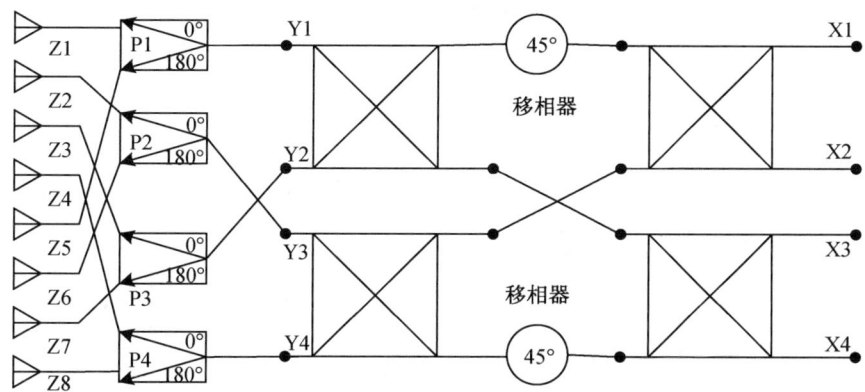

图 5-4-1 巴特勒矩阵相控阵天线

(2) 射频移相方案

射频移相相控阵天线关键部件是 T/R 组件。T/R 组件通常意义下是指一个无线收发系统与天线之间的部分，由发射链路、接收链路、公共支路、控制电路和电源调制等部分组成，主要功能是根据外部控制信号对微波信号进行放大、移相和衰减。如图 5-4-2 所示，是一个四通道射频移相相控阵天线，考虑性价比采用 6 bit 移相器，其缺点是结构复杂，插入损耗大。

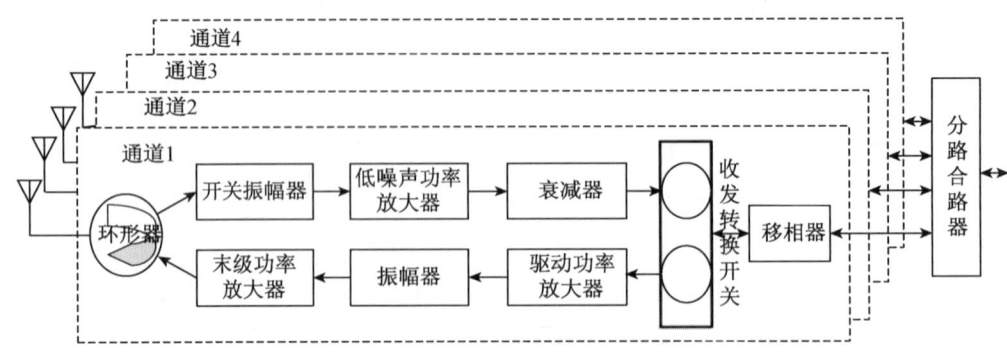

图 5-4-2 射频移相相控阵天线

(3) 混频移相方案

本设计的混频移相相控阵天线方案基于锁相式频率合成器,将天线阵列接收到的 4.4~5.0 GHz 的射频信号下变频到 1 GHz 中频,同时将多个阵元接收到的射频信号移相,实现在中频处的同相叠加。如图 5-4-3 所示,射频信号通过四个通道分别下变频,本振信号为 3.4~4.0 GHz。4 个本振信号通过同参考源的频率合成技术实现,通过控制 4 个本振信号的相位,在下变频的同时实现接收信号的相位调整,并通过合路器最终实现在中频上将信号同相叠加。本方案每个通道的相移精度是 0.087 9°,由此通过计算得到,在 ±30° 内扫描,波束指向精度优于 0.032 1°。不同相控方案实现四通道相控阵天线的对比如表 5-4-1 所示,从表中可以看出混频移相方案具有明显优势。其主要缺点是技术难度较大,在不同的工作频率,需要分别对通道进行校正。

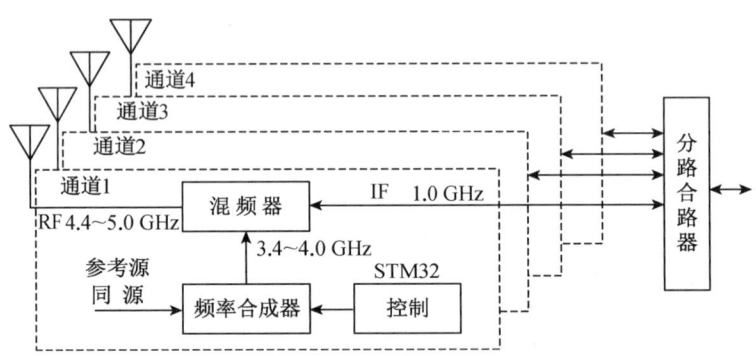

图 5-4-3 混频移相相控阵天线

表 5-4-1 不同方案实现四通道相控阵天线的性能价格对比

	波束指向精度/°	波束切换时间	相移通道损耗/dB	相移器件价格/万元	系统复杂度	技术难度
巴特勒矩阵方案	30	μs 级	4	1.4	高	低
射频移相方案	2	10μs 级	10	2.1	中	中
混频移相方案	0.03	100μs 级	0	0.3	低	高

5.4.2.3 相位控制部分设计

相位控制部分用于控制阵列天线波束指向,包括软件和硬件。控制软件主要用于频率设置、LCD 显示、波束指向相位计算,并通过控制 4 个频率合成器输出的本振信号相位最终实现波束指向调整。硬件主要包括锁相式频率合成器和平衡式混频器,考虑到阵列天线带宽达到 1.6 GHz,并考虑未来应用的可扩展性,本设计选用射频工作频率 0~6 GHz 的混频器。频率合成器选用由鉴频鉴相器和小数分频器组成的频率合成芯片,分别提供小数分频及鉴相功能,选用的压控振荡器输出频率范围覆盖 2.76~4.36 GHz,能够适应阵列天线的带宽需求。硬件在购买模块的基础上对关键电路改造实现本设计所需的频率覆盖并达到良好的相位噪声指标。

综合考虑锁相时间和相位噪声等指标,本设计选用 20 MHz 的鉴相频率。考虑到噪声和环路稳定性,环路带宽一般设置在 10 kHz~1 MHz 之间,本设计环路的带宽设定为 20 kHz,相位裕度设定为 45°,选择三阶无源滤波器,滤波器的参数如图 5-4-4 所示。

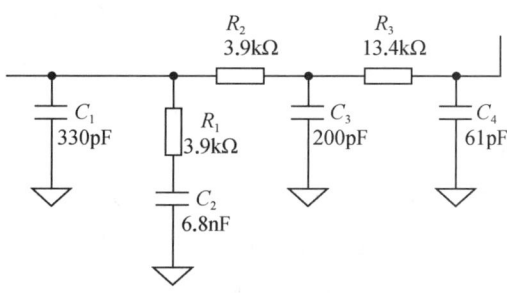

图 5-4-4 环路滤波器

频率合成器输出频率为 4.4 GHz 时的实测相位噪声为 -90 dBc/Hz@1 kHz、-87 dBc/Hz@10 kHz、-107 dBc/Hz@100 kHz。具有良好的相位噪声指标,满足设计需求。采用高速示波器对频率合成器的频率设置与波束切换时间进行测试,测试结果如图 5-4-5 所示,总时间约 1.79 ms,如果不需要切换频率只切换波束指向,其波束切换时间为百微秒级,能够满足波束切换时间的指标要求。

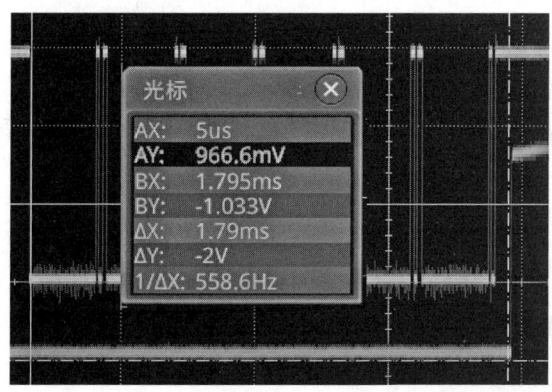

图 5-4-5 频率设置与波束切换时间测试图

5.4.2.4 阵列天线设计

为满足增益和波束形状要求,本文设计实现了一款 1×4 层叠式微带阵列贴片圆极化天线。本文提出一种层叠式微带阵列贴片天线设计,通过双层结构极大地拓宽了天线带宽,提高了数据传输速率,采用阵列结构提高天线增益,降低了传输过程中的功率损耗。同时,微带贴片天线具有体积小、易集成、成本低等优点,便于实现圆极化。圆极化天线具有许多天线所没有的优点,诸如,能够接收任意形式的线极化波;圆极化波入射到一些障碍物体时,反射波逆行反转,能够降低通信系统的干扰,在各种天气条件下衰减小,穿透电离层能力强。圆极化天线的这些优点能够用来抵抗海上通信时雨雾干扰和多径反射。

(1) 天线结构

如图 5-4-6 所示,本文所设计的微带贴片单元由辐射元和寄生元组成,下层圆形导体贴片为辐射元,上层圆形导体贴片为寄生元,两层中间为空气。两层的介质基片均为方形,材料是 FR4,厚度为 1.6 mm,相对介电常数为 4.4,损耗角正切为 0.02。辐射元由半径为 9.01 mm 的圆形贴片组成,寄生元由半径为 9.91 mm 的圆形贴片组成,两层之间距离为 5.67 mm。利用微扰技术,对天线进行刻蚀,在上层圆形贴片中开槽的两个缝隙长度为 5.46 mm,宽度为 2.24 mm,下层两个缝隙长度为 4.51 mm,宽度为 2.83 mm,且关于圆心中心对称,通过在天线上增加微扰增量来实现圆极化。馈电点的位置为距圆心 7 mm 处,天线采用同轴背馈方式,集总端口激励,需要调节同轴线内外芯半径,使其满足在工作频率下具有 50 Ω 的输入阻抗,同轴背馈的内芯半径为 0.5 mm,外芯半径为 1.6 mm。1×4 天线阵列结构如图 5-4-7 所示,相邻两天线间距离为 36 mm。

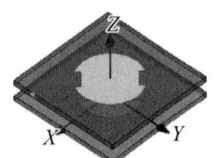

图 5-4-6 单元天线结构图

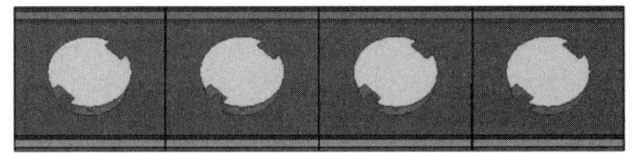

图 5-4-7 1×4 阵列天线结构示意图

(2) 仿真与分析

双层结构因为有两个导体贴片,因而形成两个谐振电路,具有两个谐振频率,当配置得当时,两个谐振频率适当接近,结果形成频带大大展宽的双峰谐振电路。调节微带贴片尺寸以及贴片相互之间的间距,能够改变天线的谐振频率,使微带天线工作在需要的频点并满足带宽要求。

采用仿真软件 HFSS 对所设计天线进行仿真与优化,得到关于天线的各项参数。通过对天线进行微扰,采用双层结构,改变了单个辐射元原有的谐振模式和电流分布,从而拓宽了天线带宽。单层天线和双层天线两种结构的回波损耗如图 5-4-8 所示,通过对比可以看出,天线层叠式贴片设计拓宽了天线原有带宽,回波损耗更小,曲线更平坦。设计的双层圆形微带阵列天线的工作频率为 4.4 GHz,天线有两个谐振频率点,在 4.4 GHz 附近,阻抗带宽达到 1.6 GHz,相对阻抗带宽为 36%。图 5-4-9 给出了所设计天线的驻波比。在 3.92～5.56 GHz 范围内天线驻波比小于 2。天线驻波比越大,反射系数越大,传输效率越低。

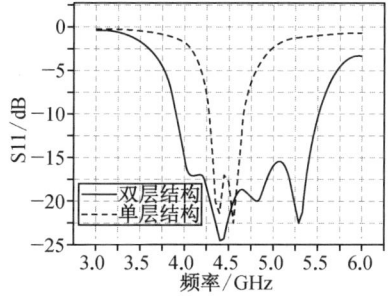
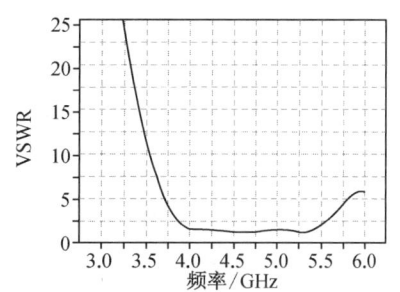

图 5-4-8　两种天线结构回波损耗图　　　　图 5-4-9　天线驻波比图

天线设计中采用微扰法,对单元天线进行对角线切割,调整切割的尺寸大小,实现圆极化性能。图 5-4-10 为 1×4 阵列天线 yOz 面的轴比图。图 5-4-11 为 1×4 阵列天线三维增益方向图,天线在工作频带范围内增益最大值可达 12 dBi,远远高于一般贴片天线。

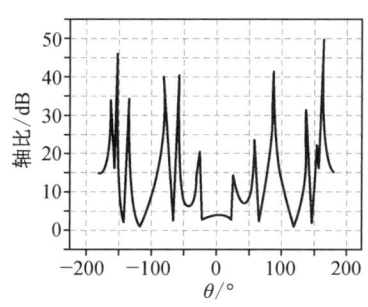
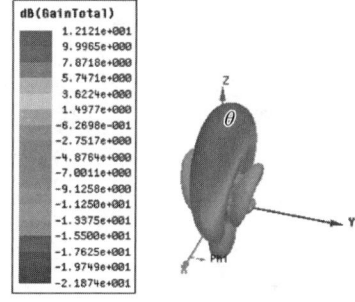

图 5-4-10　天线的轴比图　　　　图 5-4-11　天线三维增益方向图

如图 5-4-12 所示为天线在工作频点 4.4 GHz 时 1×4 阵列天线主平面增益方向图,(a)为 xOz 俯仰面增益方向图,增益为 12 dBi,3 dB 波束宽度为 80°,图(b)为 yOz 水平面增益方向图,增益为 12 dBi,3 dB 波束宽度为 24°,能够满足指标要求。

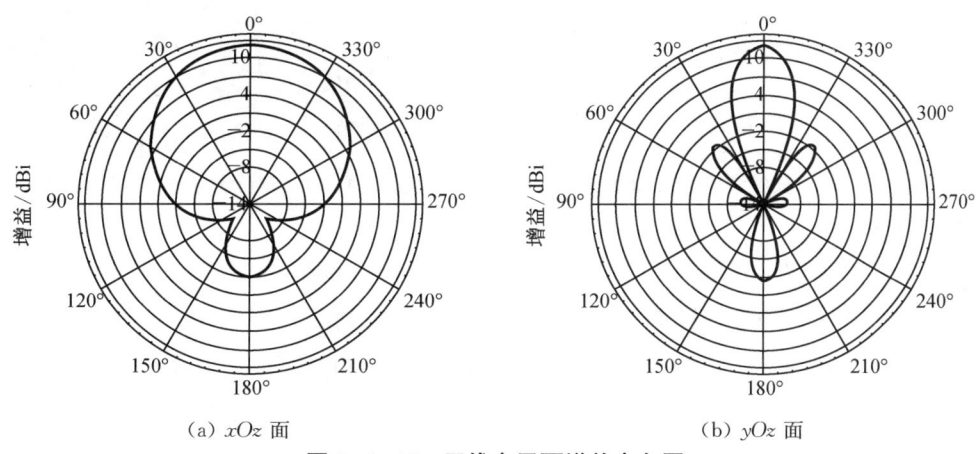

(a) xOz 面　　　　(b) yOz 面

图 5-4-12　天线主平面增益方向图

5.4.3 实验内容及步骤

5.4.3.1 实验内容

(1) 完成天线移相方案的设计;

(2) 完成天线单元结构设计及参数分析;

(3) 完成天线结构设计及参数分析;

(4) 完成天线波束控制程序的设计;

(5) 制作天线并进行性能测试。

5.4.3.2 实验步骤

(1) 完成 HFSS 高频仿真软件的安装,掌握其基本使用规则。

(2) 依托 HFSS 高频仿真软件,进行相控阵天线单元结构建模设计,对单元结构的移相范围、入射角不同时的相位变化、不同频率处的相位变化等参数进行分析。

(3) 依托单片机软件,根据阵列设计需要,编写天线波束控制程序,天线工作频率和波束指向控制软件采用 C 语言编写,软件流程图如图 5-4-13 所示。

(4) 依托 HFSS 高频仿真软件,进行满足相位补偿需求的阵列排布设计。

(5) 对天线模型进行加工并组装实现混频移相相控阵天线实物,如图 5-4-14 所示。

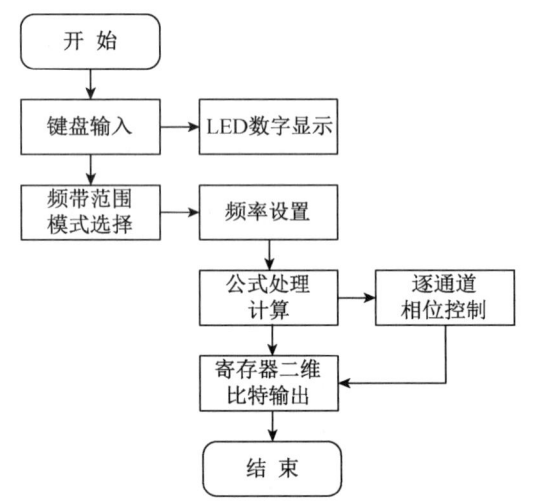

图 5-4-13　天线波束控制软件流程图

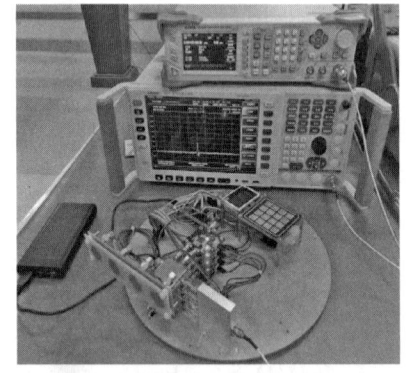

图 5-4-14　混频移相相控阵天线实物图

(6) 依托矢量网络分析仪和微波暗室,进行天线电性能测试,天线 S11 参数实测结果与仿真结果对比如图 5-4-15 所示。仿真结果的工作频率为 3.92~5.56 GHz,实测结果频率略向下漂移,这是由于加工精度误差以及馈电焊接所致。工作频率为 3.76~5.36 GHz,能够满足使用要求。天线 xOz 俯仰面增益方向图实测结果与仿真大致相同,如图 5-4-16 所示,3 dB 波瓣宽度为 22°。

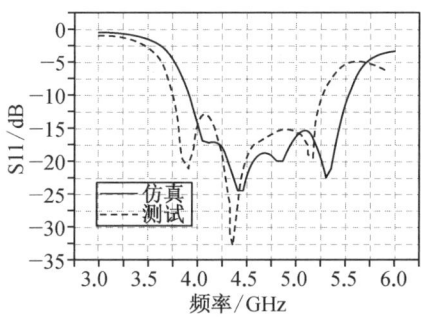

图 5-4-15　单个阵元 S11 参数实测结果与仿真结果对比

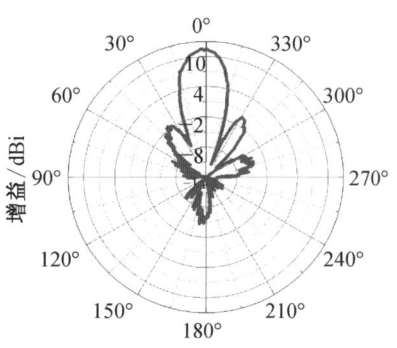

图 5-4-16　天线水平面方向图实测结果

（7）用网状抛物面天线发射 5 GHz 信号，信号电平为 -30 dBm，采用本设计中的混频移相相控阵天线进行信号接收。信号来向在 ±30°以内，可以通过调整相控阵天线的波束指向，实现最佳信号接收。当波束指向信号来向时，4 个通道的中频信号实现同相叠加，其时域幅度相位波形如图 5-4-17 所示，合成后中频信号接收电平为 -25.6 dBm，如图 5-4-18 所示。

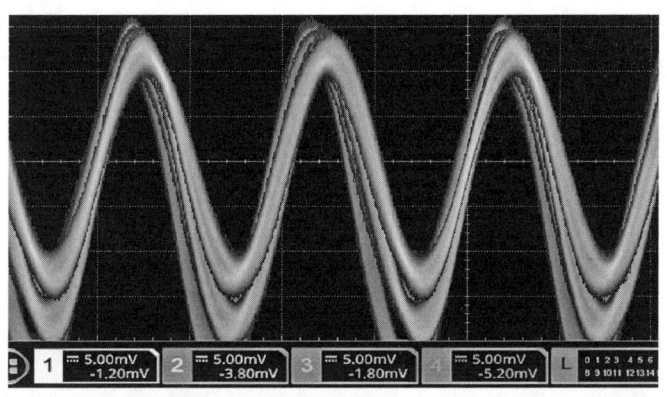

图 5-4-17　波束指向信号来向时 4 路中频信号幅度相位波形

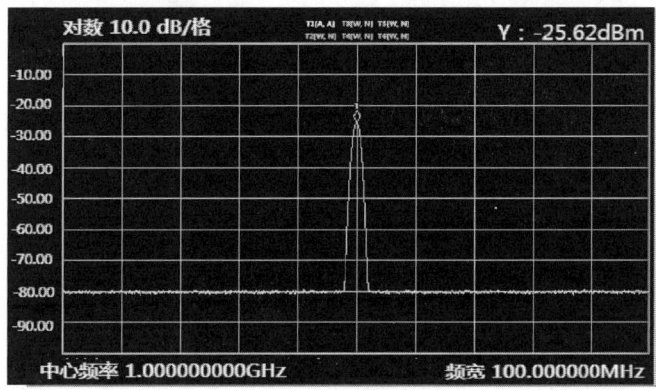

图 5-4-18　波束指向信号来向时中频信号电平

5.4.4 实验报告

实验报告四　混频移相相控阵天线设计实验报告

姓名：　　　　　　　　学号：　　　　　　　　专业：

同组人员：　　　　　　实验地点：　　　　　　实验时间：

仪器编号：　　　　　　指导教师：　　　　　　成绩：

实验目的：

实验原理：

实验步骤：

实验数据及分析：

5.5 波束可切换天线设计实验

5.5.1 实验目的

(1) 了解波束可切换天线的概念；

(2) 理解微带天线以及天线阵的电磁特性；

(3) 能够对波束可切换天线进行设计并制作。

5.5.2 实验原理与设计

天通一号卫星通信系统要求地面接收天线工作于 S 波段，采用圆极化的工作方式，增益大于 2 dBi，波束宽度为 90°。面向移动卫星天通一号，其车载应用的理想天线要求是在运动中实现自动对星。传统的相控阵天线价格高，而微带天线在一定程度上大大减小了天线尺寸，节省了成本费用，增强了设备的灵活性和隐蔽性。针对该问题提出了一种五波束平面微带天线的设计，使用朝向不同的 5 个波束覆盖地面以上空域。整个天线由四单元微带天线阵和移相电路组成，利用简洁的移相电路来实现相位调节和信号切换。从天线的反射系数、驻波比和方向图等方面验证了天线理论分析的可行性，设计的天线结构简单，在现代通信系统中具有很好的应用前景和研究价值。

5.5.2.1 天线设计要求

(1) 阵元数量和动中通

设计并制作一款四元微带天线阵，与面向天通卫星的 S-DZT230 鞭状动中通天线相比，本设计中的天线结构简单、成本低、小型化，并且波束覆盖范围宽，天线可以实现动中通，适用于遮蔽物较多的环境，符合车载移动卫星通信应用需求。

(2) 天线具体指标要求

天线利用简单的移相器控制单元天线的相位，实现可切换的五波束，并覆盖上半空域；天线的增益最高可达到 6.8 dB，可以实现 128 MB 的语音通信，并可以实现圆极化。

5.5.2.2 设计思路

在微带天线的研究中，各种不同形状的贴片在辐射电磁波时具有各自的特点。本实验选择最常见的矩形微带贴片天线作为建模的基础模型。天线由四元微带天线阵和移相器构成，其具体设计思路如图 5-5-1 所示。天线采用同轴背馈方式，能量由同轴馈电端口输入。为了实现天线的圆极化，对矩形贴片切角实现 90°的相位差。利用 HFSS 软件仿真得到单元天线的具体参数，并保证天线在 $S(1,1)$ 曲线中谐振频率为 2 GHz，轴比小于 3 dB。

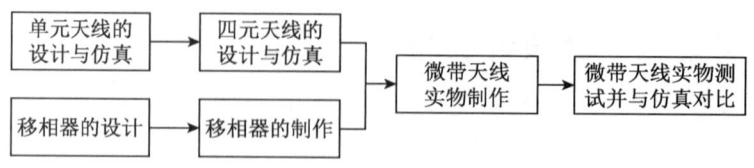

图 5-5-1　天线总体设计框图

通过单元天线的仿真,确定方案的可行性并进行四元微带天线阵的设计与仿真。一般而言对于各种不同形式的单元结构引起不同的电磁特性。因此,在周期排布上,可以通过控制单元天线间距的不同来改变电流流动路径,从而达到改变天线波束宽度的目的。

计算移相器的结构参数,设计移相器电路并制作 PCB 电路板。将四元微带天线阵与移相器通过合路器连接,改变移相器的相位从而实现天线阵列 5 个波束的切换。将四元微带天线的实物测试结果与仿真对比并得出结论。

5.5.2.3　单元天线的设计与仿真

如图 5-5-2 所示为单元微带贴片天线的结构,天线结构包括上下两层:上层包括辐射微带贴片;下层包括介质基片、金属公共地以及馈源。与天线性能相关的参数包括辐射元的长度 L、辐射元的宽度 W、介质层的厚度 h、介质的相对介电常数 ε_r 和损耗角正切 $\tan\delta$、介质层的长度 L_1 和宽度 W_1。本设计选用的是相对介电常数 $\varepsilon_r = 4.4$ 的 FR4_epoxy 材料,损耗角正切 $\tan\delta = 0.02$,厚度 $h = 1.6$ mm 的介质板。

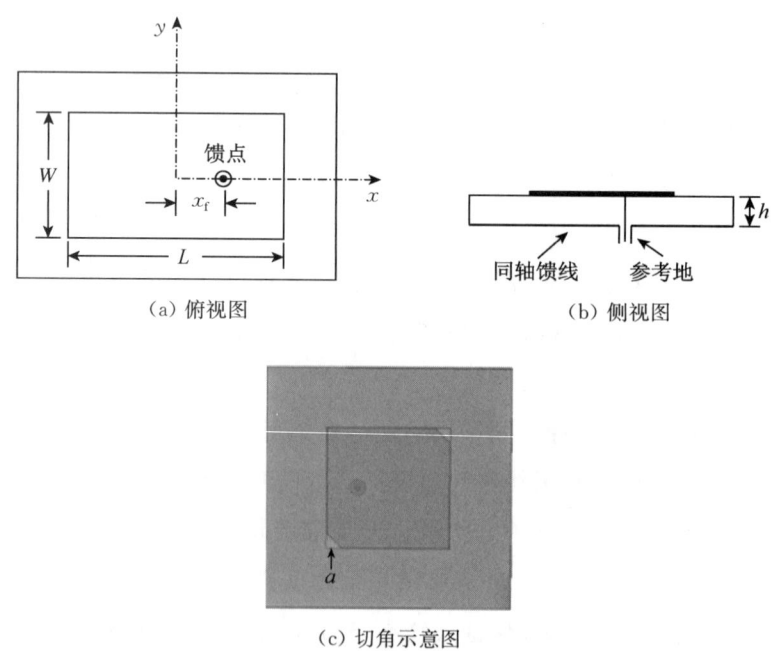

图 5-5-2　单元天线结构示意图

天线采用同轴背馈方式，仿真时用集总端口激励，用于馈电的同轴线结构需要调节其内外芯半径，使其满足在工作频率下具有 50 Ω 的输入阻抗特性。调节后同轴馈电的内芯半径为 0.6 mm，外芯半径是 2.275 mm，相对介电常数为 2.55，到达微带贴片产生有效辐射。调节微带贴片尺寸、贴片相互之间的间距以及贴片切角的大小，能够改变天线的谐振频率和轴比大小，使微带天线工作在需要的频点并满足带宽要求。其反射系数和轴比仿真结果如图 5-5-3 所示。

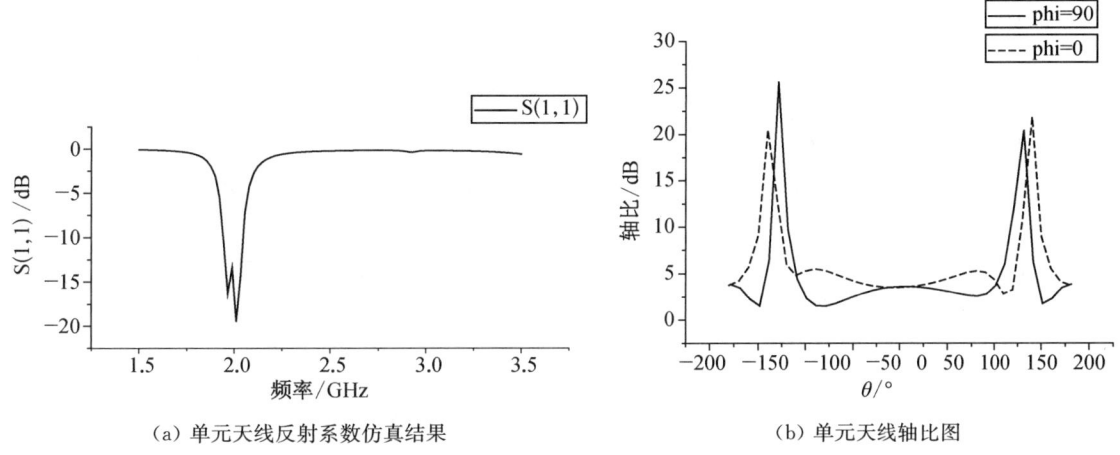

(a) 单元天线反射系数仿真结果　　(b) 单元天线轴比图

图 5-5-3　单元天线仿真示意图

5.5.2.4　四元天线阵的设计与仿真

四元天线阵仿真结构如图 5-5-4 所示，根据天线工作的中心频率，针对四元天线阵中单元天线的尺寸、馈电点的位置、单元天线之间的距离等参数，先通过理论计算得到相关参数的初始值，再通过软件仿真进行参数优化。

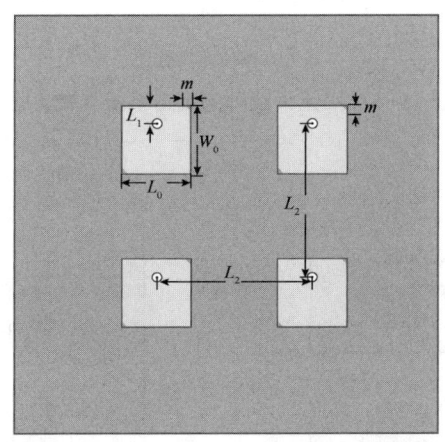

图 5-5-4　四元天线阵结构

如图 5-5-5 所示，当单元天线之间的间距为 78 mm，略大于半个波长的时候，天线的匹配和圆极化性能比较好。图 5-5-6 为天线阵中的 4 个辐射单元分组馈电模型图，分别

沿 x 方向和沿 y 方向两两一组,分成两组,相当于阵中阵天线,并通过移相器控制 4 个单元天线的相位。图 5-5-7(a)为波束最大辐射方向偏向 $+x$、$-x$ 方向的远场二维方向图,可获得 6.1 dB 最大增益;图 5-5-7(b)为波束最大辐射方向偏向 $+y$、$-y$ 方向的远场二维方向图,可获得 5.8 dB 最大增益;图 5-5-7(c)、(d)为等幅同相时,天线具有最大辐射方向朝正上方的远场三维方向图及二维平面图,可获得 6.8 dB 的最大增益。

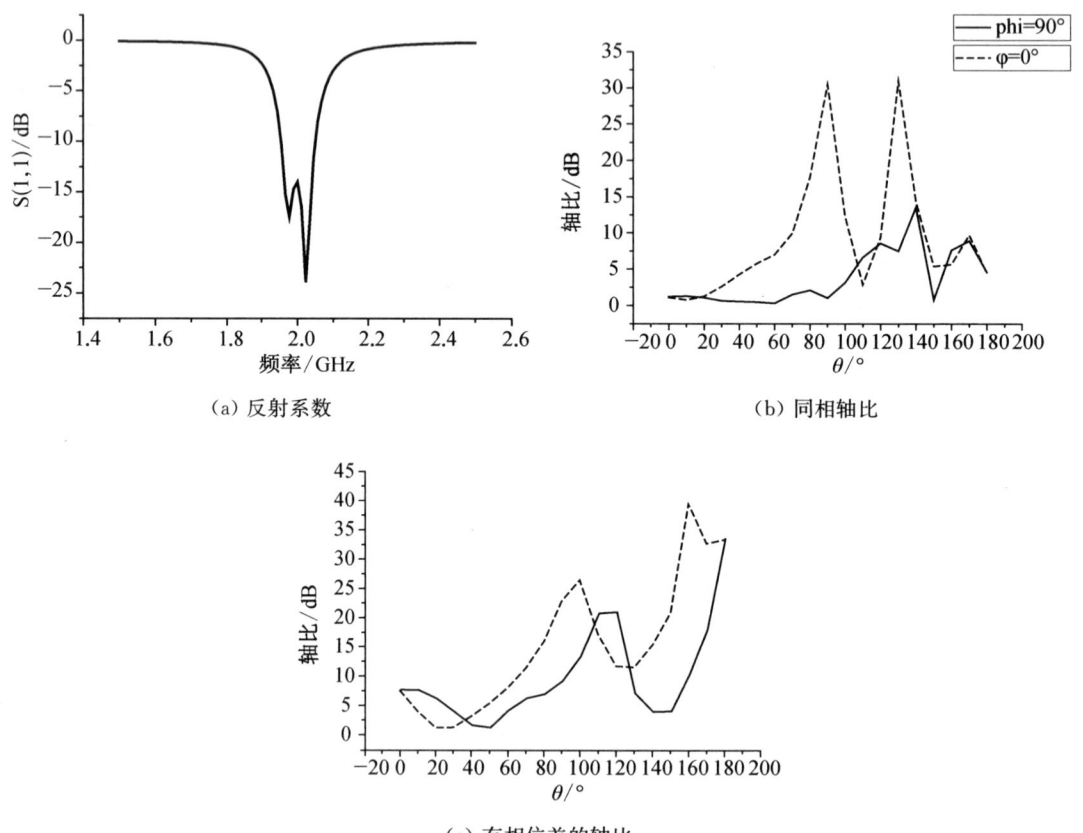

(a) 反射系数

(b) 同相轴比

(c) 有相位差的轴比

图 5-5-5　四元天线阵的反射系数和轴比性能

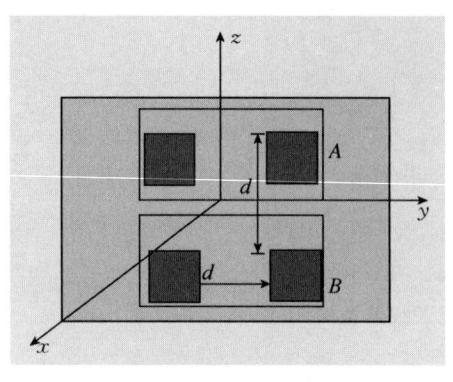

(a) 沿 x 方向分组

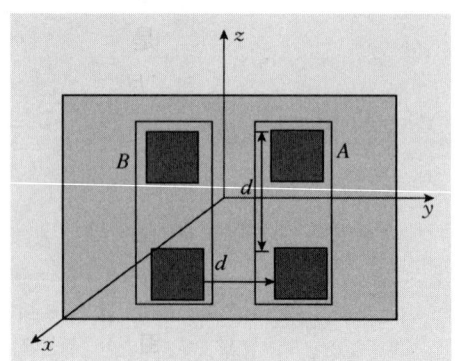

(b) 沿 y 方向分组

图 5-5-6　四元天线阵馈电模型图

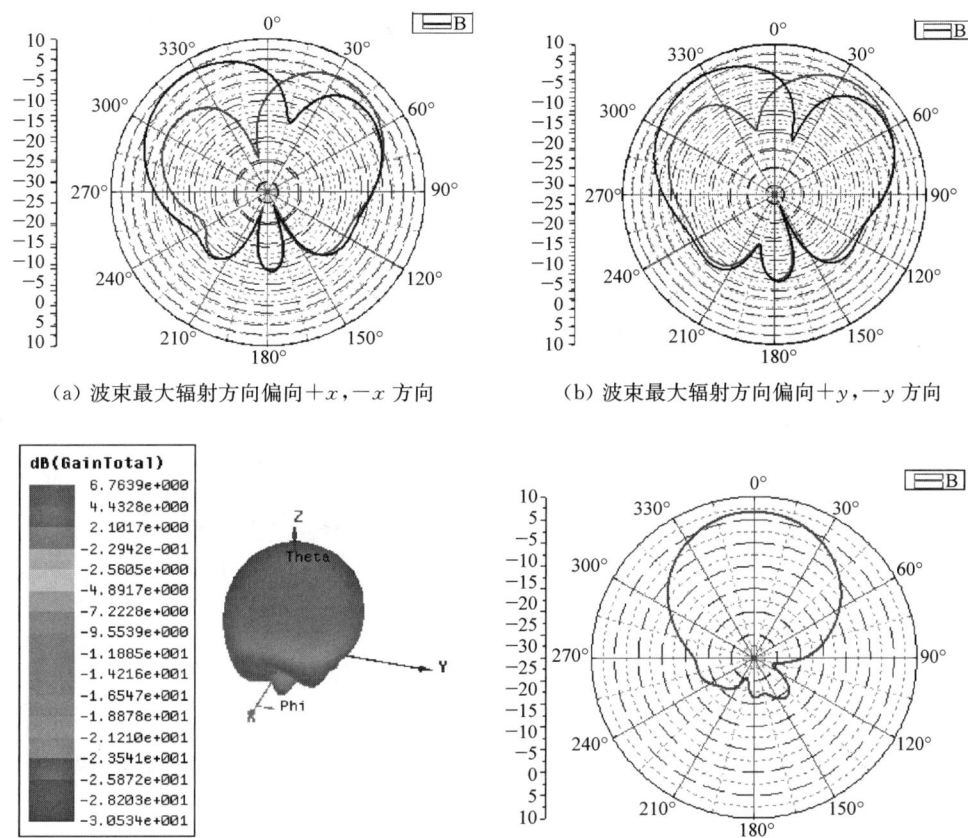

(a) 波束最大辐射方向偏向 $+x,-x$ 方向　　(b) 波束最大辐射方向偏向 $+y,-y$ 方向

(c) 波束最大辐射方向朝向 $+z$ 三维方向图　　(d) 波束最大辐射方向朝向 $+z$ 二维平面图

图 5-5-7　天线仿真方向图

5.5.2.5　移相器设计

以改变传输线物理长度 l 为例,如图 5-5-8 所示,设置两条可供选择的传输通路,并使两条通路的电长度差满足所需要的相移。传输通路 1 与传输线 2 电长度不同,当开关从传输通路 1 切换至传输通路 2 时,信号相位将从 $\varphi_1=\beta l_1$ 变化至 $\varphi_2=\beta l_2$,于是信号产生了相移 $\Delta\varphi$。微带线的长度选取要根据带宽的具体要求来设计,由于过渡段越长,电流受到的反射越小,因此理论上是越长匹配越好,但是在实际中往往要受到天线尺寸的限制,因此馈线不能无限大,为了尽可能地利用空间面积并减小不连续性,本设计采用弯角技术。

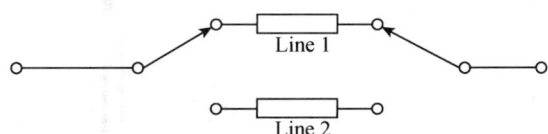

图 5-5-8　移相器基本原理示意图

5.5.3 实验内容及步骤

5.5.3.1 实验内容

(1) 完成天线单元结构设计及参数分析；

(2) 完成天线结构设计及参数分析；

(3) 完成天线移相方案的设计；

(4) 完成天线波束控制程序的设计；

(5) 制作天线并进行性能测试。

5.5.3.2 实验步骤

(1) 完成 HFSS 高频仿真软件的安装，掌握其基本使用规则；

(2) 依托 HFSS 高频仿真软件，进行天线单元结构建模设计，对单元结构的移相范围、入射角不同时的相位变化、不同频率处的相位变化等参数进行分析；

(3) 依托单片机软件，根据阵列设计需要，编写天线波束控制程序，天线工作频率和波束指向控制软件采用 C 语言编写；

(4) 依托 HFSS 高频仿真软件，进行满足相位补偿需求的阵列排布设计；

(5) 对天线模型进行加工并组装实现天线实物，如图 5-5-9 所示。图 5-5-9(a)给出了同轴线和合路器对馈电点的连接以及移相器，图 5-5-9(b)给出了实际制作中的天线正面图，其中包括 4 个单元天线。

(6) 依托矢量网络分析仪和微波暗室，进行天线电性能测试。图 5-5-10 为等幅同相馈电时，天线仿真和实测方向图对比。图 5-5-11 是移相器存在相位差时，天线仿真和实测方向图的对比，图 5-5-12 为实测极化方向的对比。图 5-5-13 为当相位差改变时实测方向图对比。可以看出，天线的中心频率为 2 GHz，带宽为 100 MHz，经测试表明当相位差为 140°时，波束宽度可达到 130°，增益大于 2 dB，最高可达到 6.8 dB，沿 5 个波束主辐射方向的轴比均小于 3 dB，可实现圆极化，天线的方向性较好，结构简单，易实现。可以使用朝向不同的 5 个波束覆盖地面以上空域，并利用简洁的移相电路来实现相位调节和信号切换。

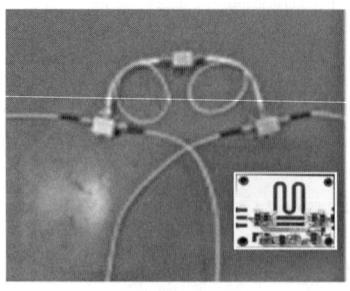 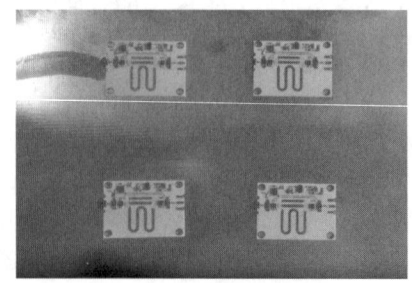

(a) 合路器与移相器　　　　　　(b) 天线正面图

图 5-5-9　移相器电路

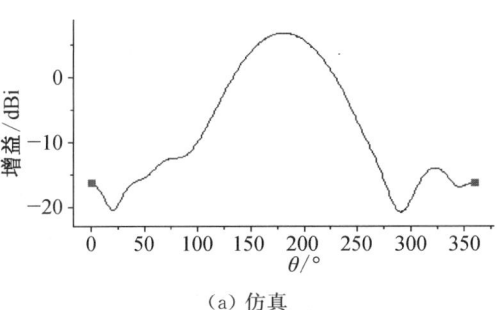
(a) 仿真

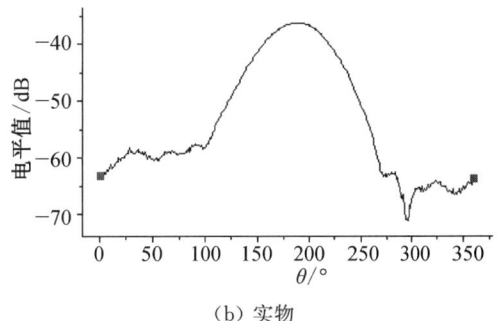
(b) 实物

图 5-5-10　等幅同相馈电时的天线方向图

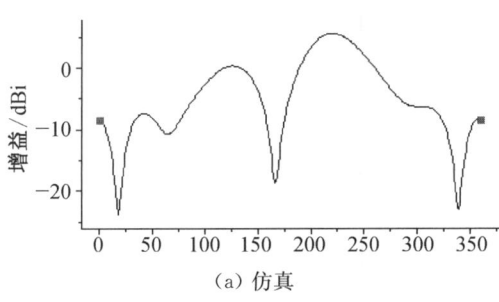
(a) 仿真

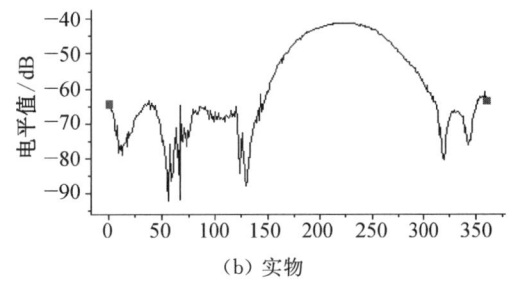
(b) 实物

图 5-5-11　存在相位差时的天线方向图

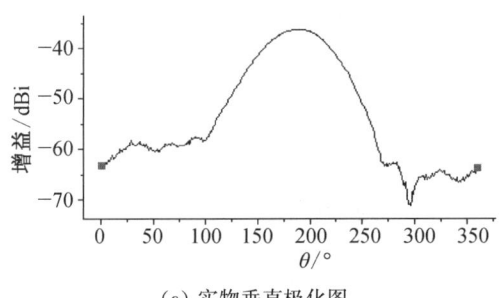
(a) 实物垂直极化图

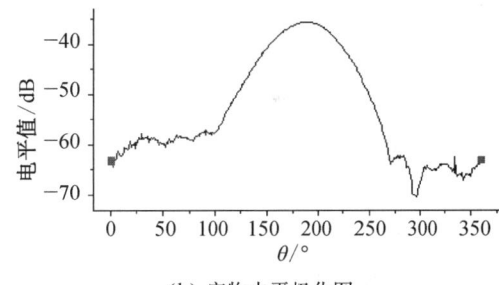
(b) 实物水平极化图

图 5-5-12　天线实测极化方式对比

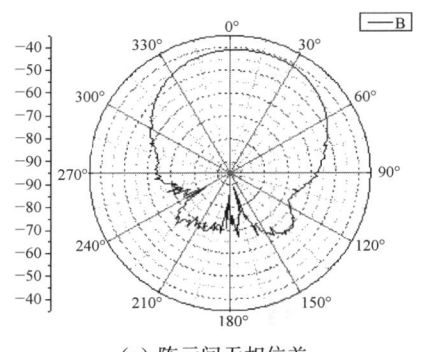
(a) 阵元间无相位差

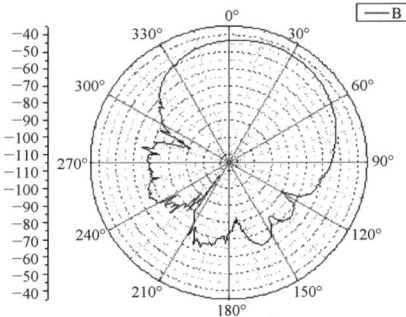
(b) 阵元间有 140° 相位差

图 5-5-13　天线实测二维方向图

5.5.4 实验报告

实验报告五　波束可切换天线设计实验报告

姓名：　　　　　　　　学号：　　　　　　　　专业：

同组人员：　　　　　　实验地点：　　　　　　实验时间：

仪器编号：　　　　　　指导教师：　　　　　　成绩：

实验目的：

实验原理：

实验步骤：

实验数据及分析：

参考文献

[1] 曹文权,朱卫刚,邵尉. 电磁波与天线[M]. 北京:清华大学出版社,2022.

[2] 晋军,曹文权,钟兴建,等. 现代微波与天线测量技术[M]. 2版. 南京:东南大学出版社,2024.

[3] 卢春兰,杨涛,余同彬,等. 电波与光波传输技术[M]. 北京:人民邮电出版社,2013.

[4] 王增和,卢春兰,钱祖平. 天线与电波传播[M]. 北京:机械工业出版社,2003.